数据科学方法及应用系列

统计计算与 R 软件应用

李会琼　李青泽　编

科学出版社

北京

内 容 简 介

本书是统计计算课程的实验手册. 内容包括 R 软件基础、随机数生成、统计算法、马尔可夫链蒙特卡罗方法. 本书力图为学生展示统计计算中丰富多样的实验内容, 并提供非唯一的解答及提示, 以鼓励学生创新地给出不同的答案.

本书可作为普通高等院校统计学专业本科生和应用统计硕士研究生的教材, 同时也可作为从事统计理论研究和实际应用的统计工作者、教师和学生的教学参考书, 以及从事社会学、教育学、心理学、经济学、金融学、人口学、生物医学和临床研究等领域的理论研究者和实际应用者参考阅读.

图书在版编目 (CIP) 数据

统计计算与 R 软件应用/李会琼, 李青泽编. —北京: 科学出版社, 2024.6
数据科学方法及应用系列
ISBN 978-7-03-077797-3

Ⅰ. ①统⋯　Ⅱ. ①李⋯　②李⋯　Ⅲ. ①概率统计计算法　Ⅳ. ①O242.28

中国国家版本馆 CIP 数据核字 (2024) 第 021357 号

责任编辑: 姚莉丽　贾晓瑞 / 责任校对: 杨聪敏
责任印制: 师艳茹　/ 封面设计: 陈　敬

科 学 出 版 社 出版
北京东黄城根北街 16 号
邮政编码: 100717
http://www.sciencep.com
涿州市般润文化传播有限公司印刷
科学出版社发行　各地新华书店经销
*
2024 年 6 月第 一 版　开本: 720 × 1000　1/16
2024 年 6 月第一次印刷　印张: 9 1/4
字数: 183 000
定价: 39.00 元
(如有印装质量问题, 我社负责调换)

丛书序

随着现代科学技术的快速发展, 人们收集数据的能力愈来愈强, 数据分析与处理愈加受到生命科学、经济学、保险学、材料科学、流行病学、天文学等学科和相关行业的关注. 特别是, 随着大数据时代的到来, 传统的统计推断理论和方法, 如非独立同分布数据、结构化和非结构化及半结构化数据以及分布式数据等, 面临前所未有的挑战. 因此, 许多新的统计推断理论、方法和算法应运而生. 同时, 计算机及其数据分析处理软件在这些学科中的应用扮演着越来越重要的角色, 它们提供了更加灵活多样的图示、数据可视化和数据分析方法, 使得传统教科书中有些原本重要的内容变得无足轻重. 本系列教材旨在将最新发展的统计推断方法和算法、数据分析处理技能及其实现软件融入其中, 实现教学相长, 提高学生分析处理数据的能力.

当前高等教育对本科实践教学提出的高要求促使我们思考: 如何让学生从实际问题出发、从数据出发并借助统计工具和数值计算算法揭示、挖掘隐藏在数据内部的规律? 如何通过 "建模" 思想、实验教学等途径有效地帮助学生理解、掌握某一特定领域的知识、理论、算法及其改进? 为满足应用统计学、经济统计学、数据科学与大数据技术、大数据管理与应用等专业教育教学发展的需要, 在科学出版社的大力支持下, 云南大学相关课程教师经过多年的教学实践、探索和创新, 编写出版一套面向高等院校本科生、以实验教学为主的系列教材. 本套丛书涵盖应用统计学、经济统计学、数据科学与大数据技术等专业课程, 以当前多种主流软件 (如 EViews、R、MATLAB、SPSS、C++、Python 等) 为实验平台, 培养学生的动手能力和实验技能以及运用所学知识解决某一特定领域实际问题的能力.

本系列教材的宗旨是: 突显教学内容的先进性、时代性, 适应大数据时代教育教学特点和时代发展的新要求; 注重教材的实用性、科学性、趣味性、思政元素、案例分析, 便于教学和自学. 编写的原则是: (1) 以实验为主, 具有较强的实用价值; (2) 强调从实际问题出发展开理论分析, 例题和案例选取尽可能贴近学生、贴近生活、贴近国情; (3) 重统计建模、统计算法、"数据" 以及某一特定领域知识, 弱数学理论推导; (4) 力求弥合统计理论、数值计算、编程和专业领域之间的空隙. 此外, 各教材在材料组织和行文脉络上又各具特色.

　　本系列教材适用于应用统计学、经济统计学、数据科学与大数据技术、信息与计算科学、大数据管理与应用等专业的本科生, 也适用于经济、金融、保险、管理类等相关专业的本科生以及实际工作部门的相关技术人员.

　　我们相信, 本系列教材的出版, 对推动大数据时代实用型教材建设, 是一件有益的事情. 同时, 也希望它的出版对我国大数据时代相关学科建设和发展起到一种促进作用, 促进大家多关心大数据时代实用型教材建设, 写出更多高水平的、符合时代发展需求和我国国情的大数据分析处理的教材来.

2021 年 4 月 29 日于云南昆明

前　言

在当今数据驱动的时代, 对于具备统计计算和数据分析能力的人才的需求不断增加. 统计计算是数据科学和统计学领域的核心组成部分. 本书不仅仅是一本统计学基础教材, 更是一本旨在引导学生深入探索统计计算多样性的实验手册. 通过结合实际应用和 R 软件的使用, 不仅有助于读者培养统计思维和数据分析能力, 还提供了一种强大的工具, 使他们能够在各个领域中进行深入的数据探索并解决实际问题.

本书的独特之处在于强调实验内容、不依赖特定的编程语言, 以及鼓励学生创新和多样性的学习方法. 它避免使用常见的 R 程序代码, 而是专注于呈现统计计算中更为丰富和多样的实验内容. 这种方法不仅提供非唯一的解答和提示, 还鼓励读者创新地提出不同的答案. 这种方法强调读者的主动参与和独立思考, 使他们能够在实际问题中灵活运用所学的统计概念, 促使他们在学术和职业领域中更好地应对不同的挑战.

本书的设计旨在将理论与实践相结合, 为读者提供深入了解统计计算原理并在实际中应用所学知识的机会. 本书分为四个主要部分.

（1）软件基础: 介绍了 R 软件的安装、基本语法、数据结构和绘图命令, 为后续学习打下扎实的基础.

（2）随机数生成: 深入探讨了伪随机数生成技术, 如逆变换法和接受-拒绝法, 并强调它们在统计模拟中的应用.

（3）统计算法: 包括蒙特卡罗积分、Bootstrap 方法等内容, 着重介绍统计推断和估计方法.

（4）马尔可夫链蒙特卡罗方法: 涉及随机过程和贝叶斯积分问题, 包括 Metro-polis -Hastings 算法等高级主题.

本书除了作为统计学专业本科生的教学用书, 还可作为应用统计硕士研究生的教学用书, 也可作为从事统计理论研究和实际应用的统计工作者、教师和学生的教学参考书. 此外, 本书还可作为从事社会学、教育学、心理学、经济学、金融学、人口学、生物医学以及临床研究等领域的理论研究者和实际应用者的参考书.

　　由于编写时间紧且编者水平有限, 书中难免有不足之处, 敬请读者和同行批评指正.

编　者
2024 年 1 月

目　录

第1章 R 软件基础

R 软件是一个 GNU 项目, 其提供了广泛的统计工具 (包括但不限于线性和非线性建模、时间序列分析、分类、聚类、非参数统计等) 并且具有高度可扩展性. 可通过开源平台便捷地增加功能包 (package) 以扩充软件功能. R 软件中集成了高效的数据处理和储存功能, 并且具有一套完整的数据计算工具. 本书将重点应用 R 软件中的计算工具带领同学一步步写出自己的统计计算代码. 本章将介绍 R 软件的安装以及一些 R 软件中的基本操作, 并辅以相应的练习.

1.1 软 件 安 装

首先我们需要打开 R 软件的首页 https://www.r-project.org, 在首页的新闻栏中我们可以看到当前最新版本 (图 1.1.1), 单击任意版本跳转到其下载页面 (图 1.1.2).

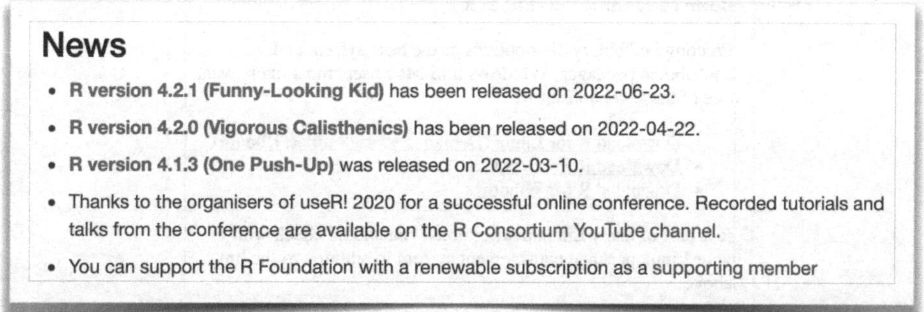

News

- **R version 4.2.1 (Funny-Looking Kid)** has been released on 2022-06-23.
- **R version 4.2.0 (Vigorous Calisthenics)** has been released on 2022-04-22.
- **R version 4.1.3 (One Push-Up)** was released on 2022-03-10.
- Thanks to the organisers of useR! 2020 for a successful online conference. Recorded tutorials and talks from the conference are available on the R Consortium YouTube channel.
- You can support the R Foundation with a renewable subscription as a supporting member

图 1.1.1 新闻栏中的最新版本信息 [1]

在 Linux 和 Mac 系统中可以直接下载后缀为 .gz 的源文件进行编译安装. 对

---

[1] 图 1.1.1 是在本书写作期间截取的新闻栏中的最新版本信息, 其他图也是如此, 不再一一注明.

于非 Linux 系统及非特殊需求的学生, 建议访问 R 软件综合档案网络 (Compre-hensive R Archive Network, CRAN) https://cran.r-project.org/mirrors.html 直接下载对应系统安装包进行安装. 打开 CRAN 链接后需要选择一个镜像服务器进行访问, 该选择只影响下载速度并无其他影响, 在此建议选择中国地区的镜像服务器 (图 1.1.3). 进入镜像服务器后根据自己的操作系统选择相应文件下载 (图 1.1.4). 使用 macOS 系统的同学请注意分辨自己的电脑所用芯片为 Intel 还是 M 系列. 安装完成后双击软件启动图标 (图 1.1.5) 即可打开软件.

Index of /src/base/R-4

Name	Last modified	Size	Description
Parent Directory		-	
R-4.0.0.tar.gz	2020-04-24 09:05	32M	
R-4.0.1.tar.gz	2020-06-06 09:05	32M	
R-4.0.2.tar.gz	2020-06-22 09:05	32M	
R-4.0.3.tar.gz	2020-10-10 09:05	32M	
R-4.0.4.tar.gz	2021-02-15 09:05	32M	
R-4.0.5.tar.gz	2021-03-31 09:05	31M	
R-4.1.0.tar.gz	2021-05-18 09:05	32M	
R-4.1.1.tar.gz	2021-08-10 09:05	32M	
R-4.1.2.tar.gz	2021-11-01 09:05	32M	
R-4.1.3.tar.gz	2022-03-10 09:05	33M	
R-4.2.0.tar.gz	2022-04-22 09:05	36M	
R-4.2.1.tar.gz	2022-06-23 09:05	36M	

Apache Server at cran.r-project.org Port 443

图 1.1.2   单击 R version 4.2.1 后进入的下载页面

China

https://mirrors.tuna.tsinghua.edu.cn/CRAN/	TUNA Team, Tsinghua University
https://mirrors.bfsu.edu.cn/CRAN/	Beijing Foreign Studies University
https://mirrors.pku.edu.cn/CRAN/	Peking University
https://mirrors.ustc.edu.cn/CRAN/	University of Science and Technology of China
https://mirror-hk.koddos.net/CRAN/	KoDDoS in Hong Kong
https://mirrors.e-ducation.cn/CRAN/	Elite Education
https://mirrors.lzu.edu.cn/CRAN/	Lanzhou University Open Source Society
https://mirrors.nju.edu.cn/CRAN/	eScience Center, Nanjing University
https://mirrors.sjtug.sjtu.edu.cn/cran/	Shanghai Jiao Tong University
https://mirrors.sustech.edu.cn/CRAN/	Southern University of Science and Technology (SUSTech)
https://mirrors.nwafu.edu.cn/cran/	Northwest A&F University (NWAFU)

图 1.1.3   中国地区的镜像服务器

Download and Install R

Precompiled binary distributions of the base system and contributed packages, **Windows and Mac** users most likely want one of these versions of R:

- Download R for Linux (Debian, Fedora/Redhat, Ubuntu)
- Download R for macOS
- Download R for Windows

R is part of many Linux distributions, you should check with your Linux package management system in addition to the link above.

图 1.1.4   根据对应操作系统选择相应文件下载

图 1.1.5　R 软件启动图标

　　启动软件后将进入 R 的编译界面 (图 1.1.6), 在编译界面中单击箭头所指图标就可打开命令脚本编写界面 (图 1.1.7), 在该界面中我们可以编写简单的运算命令或建立复杂的函数程序, 箭头所指位置可方便地跳转到任意已编写的函数位置. 在编写界面编辑的代码可复制粘贴到软件界面 (图 1.1.6) 中进行运行, 也可直接选中需要运行部分按住 Ctrl+Enter(Mac 系统下为 command+Enter) 进行运行, 运行结果将显示在软件界面中.

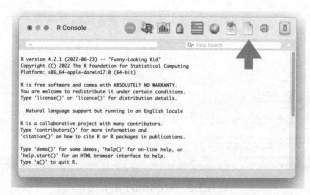

图 1.1.6　R 软件 4.2.1 版本的编译界面

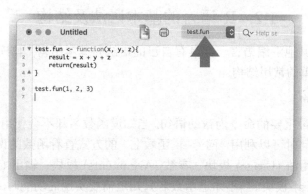

图 1.1.7　R 软件自带脚本编写界面

　　虽然 R 软件的标准界面已足够使用, 但为了方便使用我们推荐读者安装第三方编译器 (IDE). 在此我们建议读者安装 R-Studio, 该软件应用广泛且具有商业版和免费版两个版本, 读者可根据需求选择下载 https://www.rstudio.com. 在 R-Studio 主界面中我们可以分别看到四个关键窗口 (图 1.1.8), 其中的变量及函数窗口可方便地观察我们所创建的函数和变量以及变量的赋值. 在代码编写窗口中编写代码将会有自动补全和代码颜色标注功能, 方便我们准确和快速地进行代码书写. 而在右下角的图像选单中我们可以查看该次进程中所绘画的所有图片, 并可简单保存为多种格式. 因此有条件的情况下我们建议读者安装 R-Studio, 但单纯使用 R 自带 IDE 软件也可完成本书的全部内容.

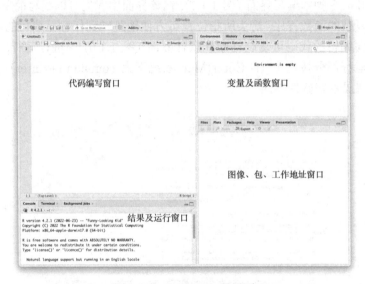

图 1.1.8   R-Studio 主界面

1.2   R 语言的基本语法及结构

R 语言与其他汇编语言一样具有自己的语法和基本结构, 本书将介绍其基本的语法以及简单的常用结构.

1. 帮助语句

R 软件中最重要的命令为帮助语句. 当知道函数名却不会使用该函数或对函数的算法有疑问时可以利用 "问号 + 函数名" 的方式查看函数的说明文件. 其中最为关键的是用法 (Usage) 板块、参数 (Arguments) 板块、输出 (Value) 板块和例子 (Examples) 板块. 当不知道函数名只知道需要实现的功能时, 可以采用 "双问号 + 功能描述" 的方式查找对应的函数名称. 这里会遇到的困难可能是将需要查找的功能翻译为英文. 例如我们想要查找如何使用 "rnorm" 函数; 如何进行 "广义线性模型拟合" 但是却不知道使用什么函数可采用以下的代码:

```
? rnorm
??regression
```

之后可进入到具体函数 (rnorm) 的帮助页面 (图 1.2.1), 我们需要关注箭头所

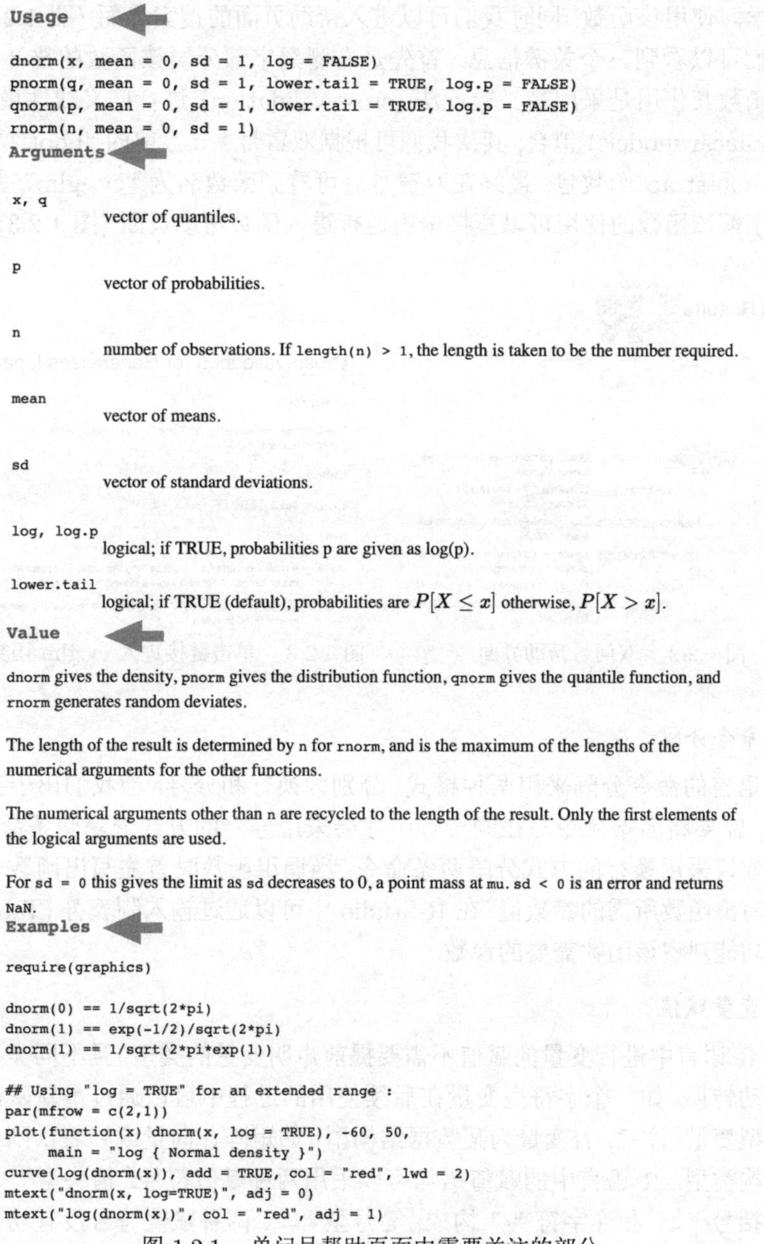

Usage ⬅

```
dnorm(x, mean = 0, sd = 1, log = FALSE)
pnorm(q, mean = 0, sd = 1, lower.tail = TRUE, log.p = FALSE)
qnorm(p, mean = 0, sd = 1, lower.tail = TRUE, log.p = FALSE)
rnorm(n, mean = 0, sd = 1)
```

Arguments ⬅

x, q
  vector of quantiles.

p
  vector of probabilities.

n
  number of observations. If length(n) > 1, the length is taken to be the number required.

mean
  vector of means.

sd
  vector of standard deviations.

log, log.p
  logical; if TRUE, probabilities p are given as log(p).

lower.tail
  logical; if TRUE (default), probabilities are $P[X \le x]$ otherwise, $P[X > x]$.

Value ⬅

dnorm gives the density, pnorm gives the distribution function, qnorm gives the quantile function, and rnorm generates random deviates.

The length of the result is determined by n for rnorm, and is the maximum of the lengths of the numerical arguments for the other functions.

The numerical arguments other than n are recycled to the length of the result. Only the first elements of the logical arguments are used.

For sd = 0 this gives the limit as sd decreases to 0, a point mass at mu. sd < 0 is an error and returns NaN.

Examples ⬅

```
require(graphics)

dnorm(0) == 1/sqrt(2*pi)
dnorm(1) == exp(-1/2)/sqrt(2*pi)
dnorm(1) == 1/sqrt(2*pi*exp(1))

## Using "log = TRUE" for an extended range :
par(mfrow = c(2,1))
plot(function(x) dnorm(x, log = TRUE), -60, 50,
    main = "log { Normal density }")
curve(log(dnorm(x)), add = TRUE, col = "red", lwd = 2)
mtext("dnorm(x, log=TRUE)", adj = 0)
mtext("log(dnorm(x))", col = "red", adj = 1)
```

图 1.2.1 单问号帮助页面中需要关注的部分

指部分. 如在 Usage 部分可看到 norm 函数有四种格式, 分别是 dnorm, pnorm, qnorm 和 rnorm. 通过 Value 部分可看到各形式输出的结果是什么, 例如 dnorm 将输出正态分布的概率密度. 再查找 Arguments 中对应的描述可看出各参数具体代表什么, 如 sd 可输入正态分布的标准差或标准差向量. 最后通过仿写 Examples 的代码学习使用该函数. 同时我们可以进入帮助页面的搜索界面 (图 1.2.2). 在界面中我们可以看到三个关键信息: 首先是右侧黑字部分对该函数的描述, 如箭头所指的函数其作用是采用交叉验证法 (cross-validation) 进行广义线性模型 (generalized linear models) 拟合; 其次我们可根据双冒号 " :: " 前的 "boot" 看出该函数属于 bootstrap 函数包; 最终在双冒号后可看到函数名为 "cv. glm". 想要更加具体地了解该函数的使用可以直接单击链接进入函数帮助页面 (图 1.2.3).

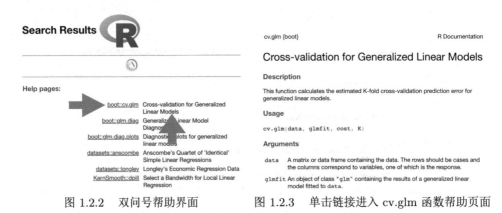

图 1.2.2　双问号帮助界面　　　　图 1.2.3　单击链接进入 cv.glm 函数帮助页面

2. 命令分隔

R 语言的命令分隔采用两种格式, 分别为换行和分号. 当我们出于某种特殊要求时, 需要将多条命令写在同一行中才会采用分号的方式分隔两条命令. 一般情况下建议采用换行的方式分隔两条命令. 当调用函数时首先写出函数名再在小括号内写出函数所需的参数值. 在 R-Studio 中可以通过输入制表符 (Tab) 利用自动补全功能观察该函数需要的参数.

3. 变量赋值

在 R 语言中进行变量的赋值不需要提前声明变量的类型, 且不同类型的变量间可自动转换, 如一个字符型变量在后续使用的过程中可以通过重新赋值使其变为数值型变量. 注意, 若变量为某数据结构型 (如矩阵、向量或列表), 则不能自动变更结构类型. R 语言中的赋值语句可以采用两种赋值符号: 箭头型 "<-", 分别由左尖括号 "<" 和连字符 "-" 构成; 等号型 "=". 两种赋值符号没有功能上的区别, 可由读者根据自己习惯和喜好选择使用.

```
a = rnorm(10); a = a+1
a <- rnorm(10)
a <- a+1
```

4. 建立函数

R 软件具有较为完善的计算工具, 在一定程度上可替代包括 MATLAB 在内的商业计算软件. 因此我们经常需要编写新的函数以实现我们需要的计算任务. 编写函数时需要先将变量声明为函数型.

```
函数名 <-function(函数变量1,函数变量2,……,函数变量n){
        函数具体内容
        return(输出变量)
}
```

本书建议学生在学习初期养成良好的编程习惯, 将一个复杂的函数拆解成若干简单功能进行单独编程和调试. 例如我们需要计算一组数据的标准差, $sd(X) = \sqrt{\frac{1}{n-1}\sum_{i=1}^{n}(x_i - \bar{x})^2}$. 我们的输入变量为数据向量 X, 输出变量为 X 的标准差. 具体的计算过程应该分为如下三个部分.

• 计算数据 X 的均值 $\bar{x} = \frac{1}{n}\sum_{i=1}^{n}x_i$.

```
mean.fun <- function(X.vec){
  n = length(X.vec)    #利用length函数对向量长度进行测量
  result = 1/n * sum(X.vec) #利用sum函数对数据进行加和
  return(result)
}
```

• 计算数据 X 的方差 $Var(X) = \frac{1}{n-1}\sum_{i=1}^{n}(x_i - \bar{x})^2$.

```
var.fun <- function(X.vec){
  n = length(X.vec)
  mean.val = mean.fun(X.vec)   #调用上面写好的mean.fun函数计算均值
  result = 1/(n-1) * sum((X.vec - mean.val)^2)
  return(result)
}
```

• 计算标准差 $sd(X) = \sqrt{Var(X)}$.

```
sd.fun <- function(X.vec){
  result = sqrt(var.fun(X.vec))
       #调用var.fun求方差并利用sqrt函数对其求平方根
  return(result)
}
```

在此演示一遍如何对函数进行调试.

• 当 $X = \{-1, 0, 1\}$ 时, 我们可计算得其均值为 0. 代入函数 mean.fun 中进行验证:

```
> X.vec = c(-1,0,1) #单个变量赋值多个数值可采用c( )格式
> mean.fun(X.vec)#在代码界面"＞"代表运行代码,其后紧接输出结果
[1] 0
```

• 当 $X = \{-1, 0, 1\}$ 时, 我们可计算得其方差为 1. 代入函数 var.fun 中进行验证:

```
> var.fun(X.vec)
[1] 1
```

• 当 $X = \{-1, 0, 1\}$ 时, 我们可计算得其标准差为 1. 代入函数 sd.fun 中进行验证:

```
> sd.fun(X.vec)
[1] 1
```

至此我们可以较为放心地进行实验了. 我们利用之前见过的 rnorm 函数生成 1000 个均值为 10 标准差为 2 的随机数, 然后利用我们的代码计算其均值和标准差.

```
> X.vec = rnorm(n = 1000, mean = 10, sd = 2)
> mean.fun(X.vec)
[1] 9.957452
> sd.fun(X.vec)
[1] 1.95373
```

其实在 R 软件中自带了两个固有函数 mean 和 sd, 可分别用于计算均值和标准差.

```
> mean(X.vec)
[1] 9.957452
> sd(X.vec)
[1] 1.95373
```

对于之后的内容我们也将利用统计学与概率论的知识自主编写程序, 并与 R 中的自带函数进行对比.

1.3　R 语言中的循环结构及判别结构

R 中有两种常用循环结构和一种判别结构:

- for 循环

```
for (变量名 in 循环变量集) {
  循环内容
}
```

- while 循环

```
while (循环条件) {
  循环内容
}
```

- if 判别

```
if (判别条件) {
  满足判别条件时执行
}else{
  不满足判别条件时执行
}
```

我们尝试利用 for 循环加上 if 判别写一个简单的算法来筛选小于 1000 的所有质数 (质数是指大于 1 且只能被 1 和其本身整除的整数). 这里采用的基本思路是对变量 x 进行 2 到 1000 的循环, 并在 if 语句中判别其是否可被大于 2 小于 x 的整数整除, 如果不能则判别其为质数进行保留.

```
result = vector("numeric")    #设定result为数值变量的向量
result = append(result, 2)    #由于算法的局限性, 第一个质数2无法识别
for (x in 2:1000) {           #令x在2到1000进行循环
  flag = TRUE                 #设定一个flag变量, 初始假设该x为质数
  for (y in 2:(x-1)) {
    if (x%%y==0) {            #利用%%求余数
      flag = FALSE   #若x与小于它的整数余数为0则不是质数, flag为假
    }
  }
  if (flag) {                 #若经过测试flag仍为真, 则该x为质数
    result = append(result, x)   #利用append函数扩展result向量
  }
}
```

利用 while 循环写一个类似的算法来筛选小于 1000 的所有质数.

```
result = vector("numeric")
result = append(result,2)
x = 3
while(x<=1000){   #while语句只判断括号内的逻辑是否为真
  flag = TRUE
  y = 2
  while (flag&y<x) { #利用"且"&和"或"|逻辑关系可连接多个判别语句
    if (x%%y==0) {
      flag = FALSE
    }
    y = y+1
  }
  if (flag) {
    result = append(result, x)
  }
  x = x + 1  #for语句中会自动对循环变量+1,但while语句中需要手动调整
}
```

　　我们做一个简单的概率实验: 在 1 到 1000 中任取 10 个不相同的数, 则其中至少有 1 个质数的概率是多少? 通过上面两个实验我们已经知道 1 到 1000 中恰好有 168 个质数. 这需要我们使用 sample 语句在集合中进行抽样. 根据概率论的基础知识我们可以计算得到该概率为 $P = 1 - \dfrac{C_{832}^{10}}{C_{1000}^{10}}$, 其中的 C_n^m 为 n 个中选取 m 个进行组合的个数. 通过计算我们可得其理论概率为 0.8425077. 我们使用 for 语句判断取出的 10 个数中是否有质数, 并且利用 for 语句进行 n 次循环, n 的大小直接决定概率估计值的精度, 此处我们简单取 n=100000. 在一次实验中我们获得结果 0.84406, 可见其精确到了小数点后两位. 若要提高精度可以增大 n 或者运行多次然后取平均值.

```
#prim <- result       #首先将我们之前计算出的168个质数存为prim变量
result = vector("numeric")
for (i in 1:100000) {
  x <- sample(1:1000,10,replace = F)
                      #利用sample函数进行抽样，replace控制放回抽样
  temp <- 0           #建立一个临时变量temp表示抽样中是否有质数
  for(i in prim){     #将prim中的变量依次取出进行循环
    if(any(x == i)){  #x==i产生布尔向量any函数对向量取"或"关系
      temp <- 1
    }
  }
```

```
result = append(result, temp)
}
sum(result)/100000
```

if 语句中的逻辑运算符是针对布尔 (Boolean) 变量, 也就是逻辑变量 (TRUE 和 FALSE) 的, 运算符号大致可分为 "且" 与 "或". 而在 R 软件中我们可通过多种方式产生布尔变量, 最常见的为比较运算:

```
> 2 == 3 - 1                  #2等于3-1,结果为真
[1] TRUE
> 2 < 3                       #2小于3,结果为真
[1] TRUE
> 2 > 3                       #2大于3,结果为假
[1] FALSE
> 2 != 3                      #2不等于3,结果为真
[1] TRUE
> factorial(2) <= 3          #2的阶乘小于等于3,结果为真
[1] TRUE
> factorial(3) >= 3          #3的阶乘大于等于3,结果为真
[1] TRUE
```

比较运算处理向量型变量会进行向量补全.

```
> a <- c(1,2)                 #变量
> b <- rep(c(1,2,3),2)        #利用rep函数重复(repeat){1,2,3}两遍
> a <= b                      #判别a小于等于b
[1]  TRUE  TRUE  TRUE FALSE  TRUE  TRUE
```

上面的例子中我们明显可以看到向量 a 的长度小于 b 的长度. 在判别 a 小于等于 b 时其实是做了向量的补全, 将 a 向量通过重复的方式填充到和 b 一样长度 $a^* = \{1, 2, 1, 2, 1, 2\}$, 然后进行一一对比, 因此产生了结果 {TRUE TRUE TRUE FALSE TRUE TRUE}. 在我们上个计算质数概率的实验中同样使用了该技巧, 代码中的随机向量 x 有 10 个元素, 我们抽出一个质数 i 进行相等判别 "==", 其实质是将 i 重复 10 遍生成了一个向量, 然后和 x 中的元素进行一一对比. 同样的填补逻辑也适用于 "或" 与 "且" 的判别.

```
> a <- c(T,F)
> b <- c(T,T,T)
> a||b               #当a与b中存在T则结果为真
[1] TRUE
> a&&b               #当a与b中存在F则结果为假
[1] FALSE
```

```
> any(c(a,b))      #首先将a与b捆绑成为一个整体,当a与b中存在T则结果为真
[1] TRUE
> all(c(a,b))      #首先将a与b捆绑成为一个整体,当a与b中存在F则结果为假
[1] FALSE
```

　　我们有时需要对布尔向量整体做 "或" 与 "且" 运算, 有两种方法实现该功能:

```
> a <- c(T,F)       #a为布尔向量,其中我们可简写TRUE为T,简写FALSE为F
> b <- c(T,T,T)
> a|b               #判别a或b,其中a|b采用的一一对比,因此需要填补
[1] TRUE TRUE TRUE  #a被填补为c(T,F,T),a与b中对应元素存在T则为TRUE
Warning message:
In a | b : longer object length is not a multiple of shorter object
length
#由于b不是a的整数倍长度,因此会出现提示信息,但注意并不是报错信息
> a&b               #判别a且b,需要a与b中对应元素都为T结果才为TRUE
[1]  TRUE FALSE  TRUE
```

　　而同学如果安装的是 4.2.1 之后的版本, 当尝试 "a||b" 与 "a&&b" 时将会报错. 具体的报错信息可在 R News 中查找. 但仍然可以使用 any 与 all 命令.

1.4　R 中常见数据结构

　　R 语言中常见数据结构有向量 (vector)、矩阵 (matrix)、列表 (list)、数据框 (data frame) 和队列 (array).

　　1. 向量

　　向量作为一种数据类型, 常用函数有三种:

```
a.vec <- vector()  #利用vector函数创建向量变量,后续用append进行扩展
a.vec <- append(a.vec,c(1,2,3))
b.vec <- as.vector(c(2,3,4))     #直接将数组{1,2,3}转换为向量
```

其中建立向量的方式有两种:

```
向量名称 <- vector("向量元素类型"可不填,向量长度可不填)
                                    #建立某种元素的向量
向量名称 <- as.vector(向量元素,"向量元素类型"可不填)
                                    #将数列或数组转为向量
is.vector(变量名称,"向量元素类型"可不填)
                                    #判别某变量是否为向量
```

　　建立向量之后我们就可以使用向量的内积 $a \cdot b$ 与外积 $a \circ b$ 的运算.

```
> a.vec%*%b.vec          #%*%其中是星号,表示内积
       [,1]
[1,]    20
> a.vec%o%b.vec          #%o%其中是符号o,表示外积
       [,1] [,2] [,3]
[1,]    2    3    4
[2,]    4    6    8
[3,]    6    9   12
> crossprod(a.vec,b.vec)   #利用crossprod也可计算内积（结果省略）
> tcrossprod(a.vec,b.vec)  #利用tcrossprod可计算外积（结果省略）
```

在掌握了向量工具后, 求随机变量 x 的方差将会变得更加简单. 利用公式
$\mathrm{Var}(x) = \dfrac{1}{n} \sum x_i^2 - \left(\dfrac{1}{n} \sum x_i\right)^2$ 通过向量计算等式右边的第一部分.

```
var.x<-crossprod(x.vec, x.vec)/(length(x.vec))-(sum(x.vec)/(length(x
    .vec)))^2
```

在之后的练习中建议读者尽量思考如何使用向量进行处理从而减少循环语句的使用或循环的次数, 其效果可利用我们之前编写的求方差的方程进行测验. 取十万个方差较大的正态随机变量 x, 分别利用 Sys.time 对之前的 var.fun 和向量部分的 var.x 进行计时可显著发现后者在计算耗时上有显著减少. 以作者的电脑做实验, 得到的数据是: var.fun 耗时 0.0146 秒, 而利用向量计算的 var.x 仅用时 0.0068 秒, 节省 50% 以上的计算时间.

2. 矩阵

矩阵对于多元统计是一件必需的工具, 在 R 语言中同样有两种方式可以创建一个矩阵:

```
变量名 <-matrix(数据可不填,行数,列数,可通过调整参数byrow=T或F来控制
    数据是否按行排列)
变量名 <-as.matrix(队列名或向量名)    #可将队列Array或向量转化为矩阵
```

与向量一样可以使用 is.matrix 判别某变量是否为矩阵. 根据公式 $\mathrm{Cov}(X) = \dfrac{1}{n}(X - \bar{X})(X - \bar{X})'$ 可计算随机向量的协方差矩阵. 利用 MASS 包的 mvrnorm 生成多元随机向量, 再计算其协方差矩阵.

```
library(MASS)                     #library(包名称）调用该函数包
sigma.matrix <- diag(5,10,10)     #利用diag创建对角为5的对角矩阵
x.matrix <- mvrnorm(10000,seq(1,10),sigma.matrix)
                                  #随机向量,均值1到10单位协方差
```

```
mean.x <- colMeans(x.matrix)        #利用colMeans按列求矩阵均值
mean.matrix <- matrix(rep(mean.x,10000),10000,10,byrow = T)
                                    #构建均值矩阵
t(x.matrix - mean.matrix)%*%((x.matrix - mean.matrix))/10000
                                    #利用公式求协方差矩阵
cov(x.matrix)                       #利用函数cov求协方差
```

向量与矩阵中元素的索引可以使用方括号 [ ], 其中向量为一维变量, 因此只需要一个指标; 矩阵为二维变量, 需要两个指标.

```
> a.vec <- as.vector(c(1:6))           #a.vec={1,2,3,4,5,6}
> b.matrix <- matrix(c(1:12),3,4)
> b.matrix
     [,1] [,2] [,3] [,4]
[1,]    1    4    7   10
[2,]    2    5    8   11
[3,]    3    6    9   12
> a.vec[5]                 #选取a.vec的第5个元素,标号从1开始
[1] 5
> b.matrix[2,3]           #选取b.matrix中第2行第3列的元素
[1] 8
> b.matrix[ ,3]           #选取b.matrix中第3列的所有元素
[1] 7 8 9
```

3. 包的安装与使用

在此插入讲解包 (package) 的安装与使用. 我们将以 R-Studio 的操作进行讲解与演示:

- 选择工具 (Tools);
- 单击安装包 (Install Packages) 进入安装页面 (图 1.4.1);
- 在 Install from 中选择 CRAN, 在 Packages 中输入需要安装的包名称 (例如上面的 MASS);
- Install to Library 不需要更改, 并且勾选 Install dependencies 会自动安装所需的基础包;
- 单击 Install.

之后只需要等待 Console 部分的自动代码运行完毕即安装完成.

使用某个包之前, 要先确定需求功能的函数名, 在帮助页面中能够看到该函数所归属的包. 在确认包已安装之后, 使用函数前输入

```
library（包名）
```

完成包的加载.

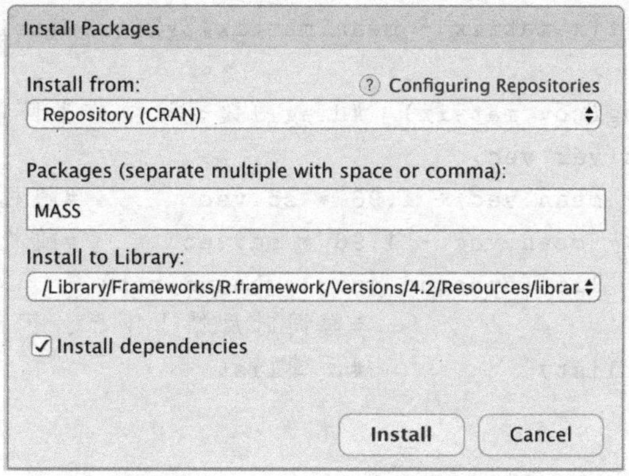

图 1.4.1 Install Packages 页面

4. 列表

列表用于储存多种不同的数据结构, 列表中的数据可以是不同类型与不同结构的. 创建列表可使用命令 list( ).

```
> c.list <- list(a.vec, b.matrix)
                        #利用list()将a.vec和b.matrix存入c.list列表中
> c.list                #可以看到list中用[[ ]]双括号选取列表中元素
[[1]]
 [1]  1  2  3  4  5  6  7  8  9 10


[[2]]
     [,1] [,2] [,3] [,4]
[1,]    1    4    7   10
[2,]    2    5    8   11
[3,]    3    6    9   12
> c.list[[2]][2,3]      #选择列表中第2个元素的第2行第3列元素
[1] 8
```

当我们编写的函数需要同时输出多个变量时, 我们常常将多个变量归总到一个列表中, 然后直接反馈该列表.

```
> explore.fun <- function(x.matrix){
                 #函数假设数据独立且正态分布,求其95%上下界
+ n.vec <- dim(x.matrix)
+ mean.vec <- colMeans(x.matrix)
```

```
+ mean.matrix <- matrix(rep(mean.vec,n.vec[1]),n.vec[1],n.vec[2],
   byrow = T)
+ cov.matrix <- t(x.matrix - mean.matrix)%*%((x.matrix - mean.matrix
   ))/n.vec[1]
+ var.vec <- diag(cov.matrix)     #diag函数提取协方差阵的对角元素
+ sd.vec <- sqrt(var.vec)
+ upbound.vec <- mean.vec + 1.96 * sd.vec          #随机变量上界
+ lowbound.vec <- mean.vec - 1.96 * sd.vec         #随机变量下界
+ result.list <- list(upbound.vec,lowbound.vec)
                                #需同时反馈上下界, 因此放入一个list中
+ return(result.list)            #反馈list
+ }
```

5. 数据框 (data frame)

数据框与列表相似, 都是一系列元素的集合, 但数据框的要求比列表更为严格, 数据框要求其中元素的长度相同但不需是同一种类型. 上一代码中的 list 可由 data.frame 代替:

```
result.frame <- data.frame(upbound.vec, lowbound.vec)
```

其优势在于调用该数据时可轻松知道各元素代表的是什么.

```
> up.low.bounc.frame <- explore.fun(x.matrix)
> up.low.bounc.frame$upbound.vec
                                #由于元素有了变量名,可以使用$调用元素
 [1]  5.380444  6.354925  7.280366  8.447258  9.427740 10.379056
     11.348829 12.379287
 [9] 13.340313 14.377641
> attach(up.low.bounc.frame)  #我们甚至可以用attach将数据框常驻内存
> lowbound.vec                #常驻内存后可以直接使用变量名调用元素
 [1] -3.3717521 -2.3388905 -1.3542685 -0.3702510  0.5844993
      1.5937014  2.6592180
 [8]  3.6053308  4.6641594  5.6739674
> detach(up.low.bounc.frame)  #数据不再使用后, 记得要detach该数据
```

类似变量命名的功能在 list 中也可以通过 names 函数实现:

```
names(result.list) <- c("upper bound", "lower bound")
> up.low.bounc.list <- explore.fun(x.matrix)
> up.low.bounc.list$`upper bound`   #注意这里变量名需要加单引号
 [1]  5.380444  6.354925  7.280366  8.447258  9.427740 10.379056
     11.348829 12.379287
 [9] 13.340313 14.377641
```

6. 队列 (array)

队列在 R 中经常作为高维矩阵使用. 例如我们需要存储一份名单, 名单中有 100 位学生的 3 次考试成绩, 3 次考试成绩又可以细分为 4 门课的成绩. 这样的树状结构无论是用 list 还是 data frame 都难以表达. 而利用队列 array 可以轻松实现:

```
> score.array <- array(,c(100,3,4)) #创建一个100*3*4的队列
> score.array[,,] <-sample(c(60:100),1200,replace = T)
                        #每个成绩随机给60分到100分
> score.array[1,2,3]      #调取第一位同学第二次考试中第三门课的成绩
[1] 87
> sum(score.array[1,2,]) #求第一位同学第二次考试的总成绩
[1] 324
> mean(score.array[,2,3])#求第二次考试第三门课的100名学生的平均成绩
[1] 81.77
```

R 语言中的数据结构远不止这些, 而以上介绍的为常用结构, 希望同学们能熟练掌握并灵活应用. 而对每种结构的使用方法在此也并未做出全面的介绍, 在后续的课程中我们边学边用.

1.5 常用绘图命令

R 软件中具备了一些基础的绘图工具. 但在绘图的专业性和美观性方面相较其他专业绘图软件却略显不足. 利用 R 软件可进行简单的 2D 与 3D 绘图.

1.5.1 基础绘图命令

统计学中常用的图形有: 条形图、柱状图、饼图、折线图、散点图、箱线图. 我们将一一进行演示与讲解. 在 R 软件中初始内嵌了 datasets 包, 包内有大量的数据可以用于实验与测试代码.

1. 条形图是分隔开的对比数量多少时常用的图形

我们使用 datasets 中的 rivers 数据, 该数据包括了北美 141 条河流的长度. 我们简单地对该数据中排名前 4 的河流绘制条形图 (图 1.5.1), 在 R 中可以使用 barplot 函数进行绘制:

```
library(datasets)              #调用datasets包, 使用其中的rivers数据
barplot(sort(rivers, decreasing = T)[1:4],
     space = 0.5, xlab = "River", ylab = "Length")
      #使用sort函数对rivers排序, decreasing表示降序
```

代码中的 xlab 和 ylab 分别代表 x 轴与 y 轴标记 (label). 同学们可以尝试将 xlab 和 ylab 设为 "河流" 与 "长度" 的中文字符, 我们会发现其显示为方块乱码, 而要在 R 图像中显示中文需要加载其他语言包, 其中较为广泛使用的是 showtext 包. 其操作方式比较复杂, 具体的使用方法大家可以查看其帮助页面. 可见 R 的绘图功能还较为简单, 专业性和易用性不如其他收费的商业软件.

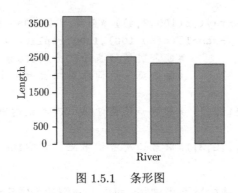

图 1.5.1   条形图

2. 柱状图将连续数据进行分组后显示其频数或频率

我们仍然使用 datasets 中的 rivers 数据. 可利用 hist 命令画出 141 条河流的长度分布频率图:

```
river.density <- density(rivers) #计算每个长度所对应的经验概率密度
hist(rivers, freq = F)   #绘制rivers的频率图, freq控制是否绘制频数图
lines(river.density)     #利用lines在当前图像上绘制概率密度曲线
```

我们可在图像上看到整体河流长度分布偏左, 意味着 60% 以上的河流长度都短于 1000 km(纵轴数据为频率/组距). 我们可看到图像中概率密度曲线缺失了一部分 (图 1.5.2(a)), 这是由于在使用 lines 画概率密度曲线时图片的位置已经确定了, 因此只能做后期重新调整重新画 (图 1.5.2(b)).

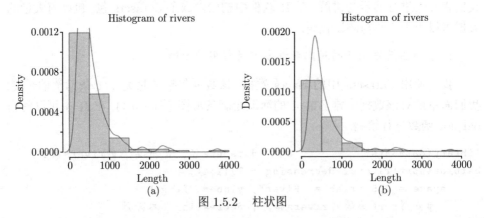

图 1.5.2   柱状图

```
hist(rivers, freq = F, ylim = c(0,0.002),
    xlab = "Length", ylab = "Density")
                                        #利用ylim调整y轴上下限为0到0.002
lines(river.density)                    #再次用lines绘图
```

3. 饼图可将数据中的比例信息图像化地进行展示

在此我们使用 datasets 中的 UCBAdmissions 数据, 该数据记录了 1973 年美国加利福尼亚大学伯克利分校某专业录取学生中男女学生的人数.

```
par(mfcol=c(2,2))                       #运用par函数将绘图区域划分为2行2列
pie(UCBAdmissions[1,,1],
    main = "Addmision Portion")         #运用main参数对图像设定标题
pie(UCBAdmissions[2,,1],
    main = "Rejection Portion")
pie(UCBAdmissions[,1,1],
    main = "Male Portion")
pie(UCBAdmissions[,2,1],
    main = "Female Portion")
```

在绘图时我们使用了 par 命令将一个绘图区域切分成了 2 行 2 列的区间, 随后再进行图像绘制, 则会依次放置在切割开的区域内. 但我们并不建议同学们这样操作, 当需要多个图像时建议单独绘制, 之后在报告写作或论文写作排版时再进行组合. 这里我们提出一点统计知识, 当研究问题时 (或阅读研究报告时), 一定要秉持全面严谨的精神. 如在研究录取数据时, 若只绘制录取人数中男女比例饼图, 则很有可能得到有偏误的结论 "录取结果有性别歧视", 而当我们绘制了各性别录取与拒绝的比例饼图之后会赫然发现, 其实女性的录取比例远高于男性 (图 1.5.3). 同样的问题会出现在某些新

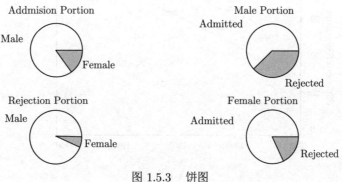

图 1.5.3   饼图

闻报道或 NGO（非官方组织）研究报告中, 由于部分新闻工作者缺乏基本的统计常识, 因此会产生一定偏误的新闻报道. 作为受过严格统计学训练的高等教育学生, 我们除了要得到科学技能训练, 更应当建立科学求真的唯物主义观.

4. 折线图常用于描述时间序列数据, 表示某变量 (或某几个变量) 的变化规律

在此我们使用 datasets 中的 USPersonalExpenditure 数据, 该数据记录了美国人民在 1940 年、1945 年、1950 年、1955 年和 1960 年五年间在 5 个消费品类中的消费总量. 我们可以使用 plot 函数进行作图 (图 1.5.4(a)):

```
par(mfcol=c(1,1))                          #重新划分绘图区域为1行1列
x.names <- colnames(USPersonalExpenditure) #提取x轴坐标的时间标记
plot(x.names,USPersonalExpenditure[1,], ylab = "USPersonalExpendi
ture", xlab = "years", ylim = c(0,90), type = "l")
          #利用plot函数进行绘图，设定type为直线（line）"l"
lines(x.names, USPersonalExpenditure[2,], col=2, lty=2)
          #用lines绘制其他曲线,col参数更改曲线颜色,lty函数更改曲线样式
lines(x.names, USPersonalExpenditure[3,], col=3, lty=3)
lines(x.names, USPersonalExpenditure[4,], col=4, lty=4)
lines(x.names, USPersonalExpenditure[5,], col=5, lty=5)
```

对于矩阵数据或数据框的绘图我们可以使用矩阵绘图函数 matplot 便捷处理. 注意该函数按矩阵的列数据绘制, 因此我们需要将数据进行转置再绘制 (图 1.5.4(b)).

```
matplot(x.names,t(USPersonalExpenditure),type="l",xlab="years")
legend("top", row.names(USPersonalExpenditure),
col = c(1,2,3,4,5), lty = c(1:5), ncol = 5, cex = 0.4)
          #legend函数绘制图例"top"绘制在顶部
```

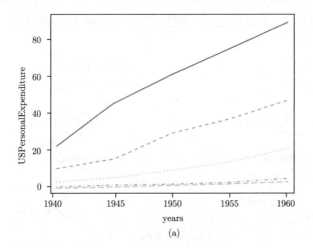

(a)

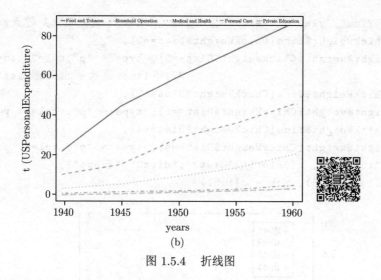

图 1.5.4　折线图

图例绘制 legend 函数主要需要如下 4 个参数.

(1) 位置信息, 常用的有: 顶部 top, 底部 bottom, 左侧 left, 右侧 right, 组合方位如 topleft.

(2) 变量名称, 可使用如 names, colnames 或 row.names 等参数提取.

(3) 绘图中的颜色信息, 设定参数 col, 需要根据数据在绘图时的参数进行设定.

(4) 绘图中的折线类型, 设定参数 lty, 同样需要根据绘图时的参数进行设定.

当然可设定的参数远远不止这些, 详细的设定还请各位同学在有需要时根据帮助页面信息进行设定.

5. 散点图通常用于面板数据, 在同一 x 轴位置上可能存在多个且数量不相等的观测值

这里我们采用 datasets 中的 ChickWeight 数据, 该数据记录了 4 种不同喂养方式下小鸡的体重变化, 其记录为 0 天到 20 天, 其中每两天测量一次, 最后又记录了一次第 21 天的体重. 其中第一种喂养方式的试验小鸡数量为 20 只, 而其他三种喂养方式的试验小鸡数量分别只有 10 只, 且有少量小鸡存在数据不齐的问题. 该数据储存于一个数据框内, 则数据的调用形式与之前的不同. 当遇到不确定数据结构的数据时, 可使用 is.vector, is.matrix, is.array 和 is.dataframe 等函数来进行判断. 我们可使用 plot 函数绘制散点图 (图 1.5.5):

```
plot(ChickWeight$Time[ChickWeight$Diet==1],
                                    #plot中设定type=p可绘制散点图
ChickWeight$weight[ChickWeight$Diet==1],    #第一个参数为x轴坐标
```

```
xlab = "Time", ylab = "Weight", col=1, pch=1)    #第二个参数为y轴坐标
lines(ChickWeight$Time[ChickWeight$Diet==2],
ChickWeight$weight[ChickWeight$Diet==2], type = "p",col=2,pch=2)
                                   #利用lines依次画出其他Diet的数据
lines(ChickWeight$Time[ChickWeight$Diet==3],
ChickWeight$weight[ChickWeight$Diet==3], type = "p", col=3, pch=3)
lines(ChickWeight$Time[ChickWeight$Diet==4],
ChickWeight$weight[ChickWeight$Diet==4], type = "p", col=4, pch=4)
legend("topleft", c("diet1","diet2","diet3","diet4"),
col = c(1,2,3,4,5), pch = c(1:5))
```

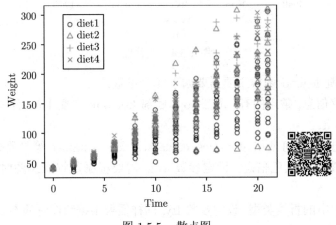

图 1.5.5   散点图

在调用 dataframe 的数据时, 我们经常会需要筛选式提取数据. 基本思路是先说明需要提取的数据名称, 例如我们需要提取的是体重数据, 则先说明 ChickWeight$weight, 之后再利用判别语句生成布尔向量, 采用数列提取的格式筛选满足 Diet 为 1 的小鸡体重.

```
ChickWeight$weight[ChickWeight$Diet==1]
```

6. 箱线图可用于图像化地展示 5 数分析, 辨别奇异点

我们使用 datasets 包中的 airquality 数据, 数据中记录了纽约市 1973 年 5 月 1 日至 9 月 30 日的空气质量监控数据. 我们对其气温作箱线图 (图 1.5.6):

```
> boxplot(c(airquality$Temp,110)) #函数boxplot可以绘制箱线图
> summary(airquality$Temp)          #函数summary可对数据作6数统计
  Min. 1st Qu.  Median     Mean 3rd Qu.     Max.
 56.00   72.00   79.00    77.88   85.00    97.00
```

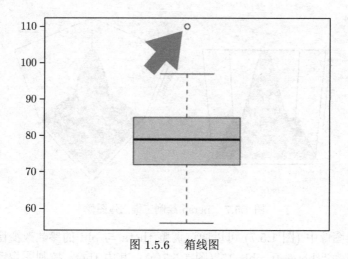

图 1.5.6 箱线图

利用 summary 函数得到的 6 数统计. 其中的 1stQu, Median, 3rdQu 正好对应箱线图中 "箱子" 从下到上的 3 条线. 箭头所指的地方是为了演示特意增加的一个奇异点, 奇异点的判断标准为置信区间之外的点.

1.5.2 三维图像绘制

在 R 软件中可以画出较为简陋的三维图像, 通常使用 persp 函数作网格或曲面图, contour 作等高线图, image 作色块图 (图 1.5.7~ 图 1.5.9):

```
result <- matrix(NA,100,100)    #persp需要以矩阵形式输入z轴坐标
x <- seq(-3,3,length=100)       #persp需要以向量形式输入x轴与y轴坐标
y <- x
library(mvtnorm)                #调用mvtnorm包中的dmvnorm函数求概率密度
f <- function(x, y){
  co <- matrix(c(x,y),1,2)      #dmvnorm函数需要以矩阵形式接受多元变量
  dmvnorm(co)
}
for (i in 1:100) {             #计算z轴坐标（概率密度）矩阵
  for (j in 1:100) {
    result[i,j] <- f(x[i],y[j])
  }
}
persp(x, y, result)            #利用persp函数作标准多元正态概率密度的钟型图
persp(x, y, result, theta = 45, phi = 45)
                              #利用theta和phi参数调整三维图像的视角
contour(x, y, result)         #利用contour函数绘制等高线图
image(x, y, result)           #利用image函数绘制色块图
```

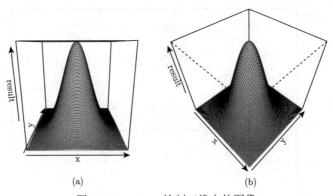

图 1.5.7   persp 绘制三维立体图像

在三维图像中 (图 1.5.7) 可以通过调整 theta 与 phi 的参数改变图像的视角. 其初始视角为 "theta=0, phi=15"(图 1.5.7(a)), 其中 theta 控制图像顺时针旋转, phi 控制图像的俯角调整. 我们将参数调整为 "theta=45, phi=45" 后可以看到图像视角有了显著改善 (图 1.5.7(b)).

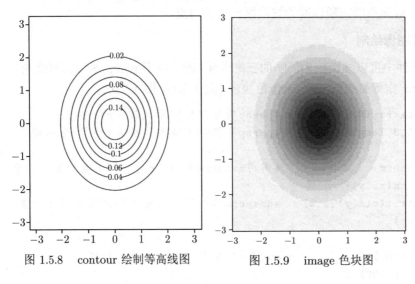

图 1.5.8   contour 绘制等高线图   图 1.5.9   image 色块图

1.5.3   ggplot2 绘图包简介

就如有高手可以用系统自带画图板画出蒙娜丽莎, 用 Excel 编写赛车游戏, 用计算器玩射击游戏, 再普通的工具在专业人士手中都会发挥出超乎想象的作用. 而 ggplot2 函数包则将 R 软件的高级绘图 "平民化了".

```
library(ggplot2)                    #载入 ggplot2 包
chick.plot <- ggplot(ChickWeight,
                     #在 ggplot 中说明绘图数据, 映射数据存为 chick.plot
```

```
mapping = aes(x = ChickWeight$Time,
                                    #用mapping参数进行变量映射,映射x
y = ChickWeight$weight,             #将小鸡重量映射为y
colour = ChickWeight$Diet, ))       #将小鸡的饲养方式映射为colour
chick.plot +                        #绘画chick.plot用"+"号连接绘图参数
geom_point() +                      #采用geom_point说明作散点图
ggtitle("Chick Weight Under Different Diet") +
                                    #采用ggtitle更改图像标题
xlab("Days") +                      #xlab与ylab调整x轴与y轴的名称
ylab("Weight") +
labs(colour = "Diet")               #更改colour参数所对应变量的名称
```

使用 ggplot2 包进行绘图的基本步骤为: ①使用 ggplot 函数将绘图数据进行映射 (映射到 x, y, 图形, 颜色等), 并赋值到一个任意变量; ②使用 "变量名+geom_ 图像类型" 的格式绘制图像. 在此我们用 ggplot2 绘制之前 plot 的散点图 (图 1.5.10(a))(请先安装 ggplot2 包).

我们如果决定用同一组数据绘画其他图像时, 需要重新利用 ggplot 进行变量映射, 并改变作图时的 geom_xxx 的图片类型. 我们甚至可以在作图时直接使用 geo_smooth 绘制非参数拟合曲线, 并且用阴影部分绘制出该曲线的置信区间 (图 1.5.10(b)).

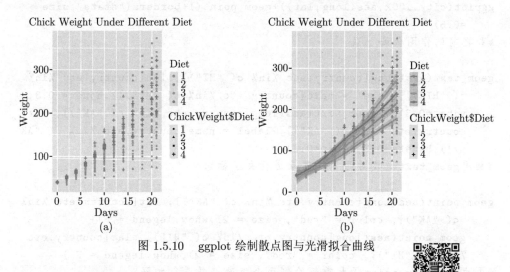

图 1.5.10 ggplot 绘制散点图与光滑拟合曲线

1.5.4 高级绘图

在 R 中依然可以通过加载一系列的包或特殊的操作方式去完成高级的绘图工作. 但这不会是本书的研究重点, 本节只作为部分功能展示.

　　在 R 中可安装并加载 mapdata 包绘制中国省份地图、日本地图、新西兰地图和世界地图. 与之相似的还有 maps 包, 该包专注于绘制加拿大与美国等西方国家地图.

```
library(maps)                    #加载maps包与ggplot2包
library(ggplot2)
data("us.cities")               #使用data函数加载us.cities数据, 功能类似attach
city.100k <- subset(us.cities, pop>100000)
                                #利用subset选出dataframe中的子集
ggplot(city.100k,aes(long,lat))+
                                #映射经度(longitude)与纬度(latitude)为x, y坐标
geom_point()+                   #绘制散点图
borders("state",size=0.5)
                                #使用borders加载state数据包绘制美国各州边界图
```

　　我们在此加载 maps 包中的 us.cities 数据集与 ggplot2 中的 borders 函数. 其中 us.cities 数据集中包含了美国 2006 年 1 月的城市人口数以及城市的经纬度, borders 函数可以便捷地画出地图边界, 而其中需要加载边界线 (以点构成的) 数据集, 此处我们使用的是 maps 数据集, 画出美国城市中人口大于 10 万的城市分布.

```
attach(city.100k)
ggplot(city.100k,aes(long,lat))+geom_point()+borders("state",size
    =0.5) +
#和之前的作图代码一致

geom_text(aes(long[country.etc %in% c( "HI")], lat[country.etc %in%
    c( "HI")], label = name[country.etc %in% c( "HI")]),hjust=-0.3,
    vjust=0.3) + geom_text(aes(long[country.etc %in% c( "AK")], lat[
    country.etc %in% c( "AK")], label = name[country.etc %in% c( "AK
    ")]),hjust=-0.3,vjust=0.3) +
#利用geom_text函数对两个特殊点进行文字标识

geom_point(aes(long[country.etc %in% c( "AK")], lat[country.etc %in%
    c( "AK")], color = "red", size = 2),show.legend = F)+
    geom_point(aes(long[country.etc %in% c( "HI")], lat[country.etc
    %in% c( "HI")], color = "red", size = 2),show.legend = F )
#再次利用geom_point函数重新绘制两个特殊点并进行加强
```

　　我们发现在图像中有两个点, 不在地图内部. 这是由于 state 数据包中只包含了北美本土的各州边界数据, 而对于阿拉斯加州和夏威夷州并未在其中. 我们初步估计左上角的点应该是阿拉斯加州的城市, 而左下角的点应该是夏威夷州的城市. 具体是哪几个城市还需要从我们筛选的 city.100k 数据中再次筛选. 这里我们提供

两种筛选思路: ①直接根据我们的猜想搜索阿拉斯加州 (AK) 和夏威夷州 (HI) 的城市, 但如果不知道两个州的缩写就可以采用第二方案; ②我们观察到两个城市在图像上显示的经度都小于 -140, 因此可以此为搜索条件.

```
> city.100k$name[city.100k$country.etc %in% c("AK", "HI")]
                                          #根据猜测州进行搜索
[1] "Anchorage AK" "Honolulu HI"
> city.100k$name[city.100k$long < (-140)] #根据经度进行搜索
[1] "Anchorage AK" "Honolulu HI"
```

我们可以使用 geom_text 对两个点进行标记, 还可以使用 geom_point 对两个点进行加强显示.

至此 R 语言的基本语法与应用已经介绍完毕, 同学们一定要改变学习思维, 我们再次强调对于计算机语言的学习应当边学边用, 边用边查, 边查边学. 就像我们学习英文需要会熟练使用英汉词典一样, 熟练使用搜索引擎, CRAN 和 R 软件中的帮助页面将是我们学习 R 语言的基本技能.

思考与习题

1. 请自己编写一个求两个随机向量间相关系数的函数, 利用 rnorm 函数生成两列独立的正态随机变量, 并求解其相关系数. 要求分为四个功能模块求解:

(1) 利用公式 $\bar{x} = \dfrac{1}{n} \sum\limits_{i=1}^{n} x_i$, 建立求解均值模块 mean.fun;

(2) 利用公式 $\mathrm{Cov}(x, y) = \dfrac{1}{n} \sum\limits_{i=1}^{n} (x_i - \bar{x})(y_i - \bar{y})$, 建立求解协方差模块 cov.fun;

(3) 利用公式 $\mathrm{sd}(x) = \sqrt{\mathrm{Cov}(x, x)}$, 建立求解标准差模块 sd.fun;

(4) 利用公式 $\mathrm{Cor}(x, y) = \dfrac{\mathrm{Cov}(x, y)}{\mathrm{sd}(x)\mathrm{sd}(y)}$, 建立求解相关系数模块 cor.fun.

2. 改进利用 for 和 if 进行质数筛选的程序, 请逐步改进并利用 Sys.time() 进行计时看效率提升有多少:

```
s = Sys.time()        #记录程序开始时的系统时间
程序部分               #主程序在两个计时点间运行
e = Sys.time()        #记录程序结束时的系统时间
print(e - s)          #在屏幕上打印出两个时间间隔
```

(1) 我们可以想象如果 x 被一个大于 $\dfrac{x}{2}$ 的数整除, 则相除的结果必然为一个小于 $\dfrac{x}{2}$ 的数. 因此较为合理的改进方案为将原来 y 的取值范围上限调整到 $\dfrac{x}{2}$.

(2) 若我们已经找出 n 个质数, 则下一个质数必然不能被前 n 个质数整除. 因此第二个改进方案为只除以之前已找出的质数.

3. 请同学思考及实验, 在本章求质数出现概率的代码中可否直接利用以下代码判别 x 中是否有质数? 并尝试使用 %in% 实现同样功能.

```
any(x == prim)      #其中x为随机向量, prim为168个质数组成的向量
any(x %in% prim)    #利用%in%判断x中的元素是否在prim中
```

4. 请尝试找出在 R 语言中比较运算对于字符变量的运算规则:

```
"a"<"b"             #英文输入法下的双引号" "内部字符可作为字符变量
"a">"1"
"ab">"bb"
"A">"a"
"A">"z"
"A">"b"
```

5. 利用 for 或 while 循环生成 100 位斐波那契数列 (Fibonacci sequence), 其中第 1, 2 位数都为 "1", 从第三位数开始是前两位数的和 $a_{n+1} = a_{n-1} + a_n$.

6. 首先利用 while 求 1000 以内的斐波那契数列和质数, 并且分别尝试用 data frame 和 list 进行储存. 做统计实验计算以下概率:

(1) 在 1 到 1000 中任意取 2 个数, 既不是质数也不是斐波那契数列的概率是多少?

(2) 利用可放回抽样在 1 到 1000 的质数中任意取 2 个数, 不是斐波那契数列的概率是多少?

(3) 利用不可放回抽样在 1 到 1000 的斐波那契数列中任取 2 个数, 同时是质数的概率是多少?

7. 对 datasets 中的 PlantGrowth 数据中每种方式的均值作条形图, 并分析何种方式 (trt) 更有利于植物生长?

8. 对 datasets 中的 PlantGrowth 数据根据不同的种植方式作柱状图, 并分析何种方式 (trt) 更有利于植物生长?

9. 对 datasets 中的 PlantGrowth 数据根据不同的种植方式在同一张散点图中进行表示. (提示: 可以重新定义各组编号, 将控制组 ctrl 设为 0, 变量组 trt 依次设为 1, 2.)

10. 在 1.5.4 节高级绘图部分, 有同学使用以下命令对地图中两个特殊点进行筛选, 但是没有成功. 请同学分析其错误原因并改正.

```
> city.100k$name[city.100k$long <-140]
[1] "Mesa AZ"
```

第 2 章　随机数生成

我们在生活中随时都需要使用随机数, 无论是体育彩票的开奖还是初始密码的生成. 但同学们是否有想过为何彩票的开奖从未使用电脑生成随机数? 原因其实是至此为止 (2024 年 4 月), 计算机算法还无法生成真随机数, 所以摇号开奖、运气大转盘的随机性为真随机, 但是刮开式彩票由于其伪随机性则存在被破解的案例.

现实中生成随机数主要采用如下两种方式.

- 物理生成真随机数.

例如在物理混沌系统 (如三摆臂系统) 中安装个计时器, 记录某个事件发生的时间间隔, 利用时间间隔作为随机数列. 我们可认为该随机数列为真随机数.

- 算法生成伪随机数 (pseudo-random number).

例如线性同余生成器 (the linear congruential generator), 在该算法中输入一个种子 x_0, 并给定数列递推公式 $x_n = (ax_{n-1} + b) \bmod_c$ 中的整数参数 a, 参数 b 和 c. 最终我们将生成的数列 $\{x_1, x_2, \cdots, x_n\}$ 作为随机数列. 我们认为该随机数列为伪随机数.

我们利用 R 软件编写线性同余生成器函数:

```
LCG.func <- function(n, x0, a, b, c){
  result <- array(NA,c(n,1))
  result[1] <- x0
  for(i in 2:(n+1)){
    result[i] <- (a*result[i-1]+b)%%c
  }
  return(result[2:n+1])
}
> LCG.func(20, 2, 3, 5, 7)
 [1] 3 0 5 6 2 4 3 0 5 6 2 4 3 0 5 6 2 4 3
     #我们可观察到该算法生成的随机数具有周期性
```

　　那很自然地我们会提出疑问 "在计算机上就无法生成真随机数?", 而答案并非如此. 有很多的非营利性组织会采用物理生成随机数并在线更新至网络数据库中, 我们可以直接调用该随机库中的随机数或者将该随机数处理后再利用. 在 https://www.random.org 网站上我们可以找到收费的和免费的随机数资源库, 如彩票数据 (Lottery Quick Pick 利用彩票开奖结果作为随机数)、投硬币结果 (Coin Flipper)、骰子投掷结果 (Dice Roller) 和抽扑克牌结果 (Playing Card Shuffler) 等. 在 R 软件中如果想要直接从网络数据库中读取数据, 则建议额外安装 curl 包和 data.table 包. 我们从网络数据库中获取 6 个最小值为 1 最大值为 10 的随机整数并将它们存为 2 行 3 列:

```
> library(data.table)
> fread('https://www.random.org/integers/?num=6&min=1&max=10&col=
3&format=plain&rnd=new&base=10')
 [100%] Downloaded 18 bytes...
    V1 V2 V3
1:  3 10 12
2:  3 11  6
```

　　网络地址（url）中的 num 控制产生随机数的个数, min 控制最小值, max 控制最大值, col 调整数据储存格式. 知道以上信息后, 我们可以创建一个函数来调整 url 中的参数并最终自动获取网页随机数.

```
Rand.web.fun <- function(n, min.num, max.num, col.num=1){
  url.string <- 'https://www.random.org/integers/?num=NUM&min=MIN&
  max=MAX&col=COL&format=plain&rnd=new&base=10'
  temp1 <- gsub("MIN", min.num, url.string)
  temp2 <- gsub("MAX", max.num, temp1)
  temp3 <- gsub("COL", col.num, temp2)
  temp4 <- gsub("NUM", n, temp3)
  fread(temp4)
}
```

　　在代码中我们使用了 base 包（R 软件自带基础包）中的 gsub 函数来替换字符串 url.string 中的特定字符, 注意该函数需要区分大小写. 最终生成我们需要的 url 地址, 再利用 fread 函数进行网络访问. 并且在函数声明中, 我们对 col.num 采用 "col.num=1" 的方式声明其预设值（default value）为 1, 因此在后续使用过程中如无需要可以不输入 col.num 的赋值.

```
> Rand.web.fun(n=2, min.num=1, max.num=10)
                    #未输入col.num参数, 使用预设值
 [100%] Downloaded 6 bytes...
```

```
   V1
1:  7
2:  6
```

同学们此时很自然地会产生疑问, 如果我们需要的不是离散整数, 而是连续正数该如何生成. 当然我们能使用上面的代码产生两列随机正整数, 然后令第一列为分子, 第二列为分母以此转化为连续正数. 我们利用此方法实验产生 1 到 10 的 5 个随机正数:

```
> frac.matrix <- Rand.web.fun(10, 1, 10, 2)
 [100%] Downloaded 21 bytes...
> frac.matrix
   V1 V2
1:  7  3
2:  7  4
3:  7  1
4:  1  2
5: 10  5
> frac.matrix[,1]/frac.matrix[,2]
        V1
1: 2.333333
2: 1.750000
3: 7.000000
4: 0.500000
5: 2.000000
```

那接下来问题进一步变成 "如果我们需要的是随机实数呢?", 依然可以利用上面的随机正整数函数, 多加一列用于判断正负号, 奇数为负、偶数为正 (注意此处并不完全是 50%概率为负值).

```
> frac.matrix <- Rand.web.fun(15, 1, 10, 3)
 [100%] Downloaded 32 bytes...
> frac.matrix
   V1 V2 V3
1:  4  2  3
2:  4 10  5
3:  6  4  3
4:  4  9  6
5:  9 10  4
> frac.matrix[,1]/frac.matrix[,2] * (-1)^ frac.matrix[,3]
        V1
1: -2.0000000
```

```
2:  -0.4000000
3:  -1.5000000
4:   0.4444444
5:   0.9000000
```

　　当然还有其他办法, 例如我们可以采用整数和小数的组合方式. 那如何获取小数呢? www.random.org 数据库中可以生成 0 到 1 的小数, 并且可以调整其小数点后位数. 我们能不能使用该功能呢? 答案是显然可以的. 我们先访问其网页, 在网页中单击 Decimal Fraction Generator, 进入小数生成器, 然后不用调整直接单击 Get Fractions 按钮. 之后会跳转到结果页面, 而我们需要的是它当前的网址 "https://www.random.org/decimal-fractions/?num=10&dec=10&col=2&format=html&rnd=new". 显然 num, col 和之前代表的意思一致, 新出现的 dec 表示小数位数, format 需要调整为 plain, 代表纯文本. 如果有不理解的参数可以试图调整网页地址后重新刷新, 以此进行试验看该参数代表什么. 在试验和理解后调整 url 地址, 之后便可以直接放入 fread 函数中使用了. 对于其他功能可以使用类似方法依法炮制.

```
> fread("https://www.random.org/decimal-fractions/?num=2&dec=3&col=
2&format=plain&rnd=new")
 [100%] Downloaded 12 bytes...
        V1     V2
1:  0.624  0.874
```

　　我们可以对比算法生成的随机数与真随机数, 在 200×200 的矩阵中可以勉强看出其区别. 我们从网站获取了 40000 个 0-1 随机数, 然后存为 200×200 的方阵, 再利用 R 中的 sample 算法生成同样的 0-1 数据方阵. 采用 image 命令做出图像 (图 2.0.1(a) 是 sample 生成的, (b) 为网站获取的真随机数), 以艺术的角度来评价的话, 左侧线条生硬, 右侧柔和自然.

```
real.rand.matrix <- matrix(NA,200,200)
for (i in 1:2) {
  for (j in 1:2) {
    real.rand <- fread('https://www.random.org/integers/?num=10000
    &min=0&max=1&col=100&format=plain&rnd=new&base=10')
    temp <- as.matrix(real.rand)
    real.rand.matrix[(100*(i-1)+1):
    (100*(i-1)+100),(100*(j-1)+1):(100*(j-1)+100)] <- temp
  }
}
x <- seq(1,200,1)
```

```
image(x,x,real.rand.matrix)
temp2 <- sample(c(0,1),40000,replace = T)
temp2.matrix <- matrix(temp2,200,200)
image(x,x,temp2.matrix)
```

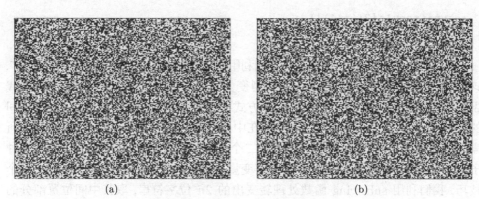

(a)　　　　　　　　　　　　　　　　(b)

图 2.0.1　　猜一猜哪个是伪随机数

在本章我们将介绍常见的伪随机数生成算法, 并以生成 0-1 均匀分布随机数算法为基础进行统计计算实验.

2.1　常见伪随机数算法

伪随机数的生成主要由种子 (key) 与算法 (algorithm) 两部分组成. 优秀的种子决定了其随机性质, 优秀的算法又决定了其伪随机数列的周期长度. 在 R 中常用当前系统时间作为伪随机数的种子. 除了我们上面介绍的线性同余生成器外, 还有一些效果更好, 也更为常用的方法. 例如, 中间数平方法 (middle-square method).

该方法由著名数学家 John von Neumann 于 1949 年提出. 此算法逻辑较为简单, 甚至我们单纯在草稿纸上都可以进行计算. 该算法用于生成 n 个字节的随机数, 此处要求 n 为偶数. 首先给出一个 n 位数的种子 x_0, 对该种子平方得到一个 $2n$ 位数的中间值 x_0^2, 取 x_0^2 的中间 n 位数作为第一个输出值 x_1, 继续对该值平方 x_1^2 取中间 n 位数作为新的种子, 以此类推可获得一系列随机数列.

```
middle.squre.random <- function(m, n, key){
  result <- vector("numeric")
  result <- append(result, key)
  format.string <- "%0Nd"
  format.string <- gsub("N", n*2, format.string)
  for (i in 1:m) {
```

```
    temp <- c(result[i]^2)
    temp2 <- sprintf(format.string,temp)
    temp2 <- as.numeric(substring(temp,(2*n/4),(2*n/4 * 3 - 1)))
    result <- append(result, temp2)
  }
  return(result[2:(m+1)])
}
```

该方程中使用了三个技巧, 首先我们利用 gsub 调整了字符型变量参数 "%0Nd", 该参数将用于转换数字型变量为字符型变量（第二个技巧), 其中的第一个 0 代表了不足位数的使用前方加 0 的补足方式, 最后的 d 表示以整型变量记录, 中间的 N 便是我们需要调整的字符数量, 在中间数平方法中我们需要将 N 设定为所需随机变量位数的两倍, 即 $2n$; 然后第二个技巧紧接着就使用了 sprintf 函数将种子平方后的中间数转换为 $2n$ 位的字符变量, 以此为第三个技巧做准备; 最后一个技巧, 我们利用 substring 函数处理转变出的 $2n$ 位字符串, 取其中间位置部分的 n 位数. 我们来实验利用该函数生成四位数的随机变量.

```
> matrix(c(middle.squre.random(100, 4, 2916)),10,10)
       [,1] [,2] [,3] [,4] [,5] [,6] [,7] [,8] [,9] [,10]
 [1,] 5030 1790 7422 3574 8738 3017 9790 4017 6656    310
 [2,] 5300 2041 5086 2773 6352 1022 5844 6136 4302   6100
 [3,] 8090 1656 5867 6895  347  444 4152 7650 8507   7210
 [4,] 5448 7423 4421 7541 2040 9713 7239 8522 2369   1984
 [5,] 9680 5100 9545 6866 1616 4342 2403 2624 6121   9362
 [6,] 3702 6010 1107 7141 6114 8852 7744 8853 7466   7647
 [7,] 3704 6120 2254  993 7380 3357 9969 8375 5741   8476
 [8,] 3719 7454  805 8604 4464 9839 9380  140 2959   1842
 [9,] 3830 5562 4802 4028 9927 6805 7984 9600 7556   3929
[10,] 4668  935 3059 6224 8545 6308 3744 2160 7093   5437
```

乍看似乎并无问题, 但我们再尝试产生 10000 个随机数, 并将它们在图片中绘制出来:

```
middle.random.matrix<- matrix(c(middle.squre.random(10000,4,2500)),
100,100)
x <- c(1:100)
image(x,x,middle.random.matrix)
```

我们从随机数绘制的图片 (图 2.1.1(a)) 中显然可以看出该算法得到的随机数产生了周期性. 那如果我们更换一个新的随机种子结果会如何呢 (图 2.1.1(b))?

```
middle.random.matrix <- matrix(c(middle.squre.random(10000,4,2500)),
100,100)
x <- c(1:100)
image(x,x,middle.random.matrix)
```

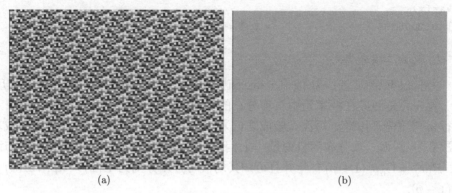

(a)　　　　　　　　　　　　　　　　　　　　　(b)

图 2.1.1　中间数平方法

因此该算法计算的大量随机数列是不可靠的. 在 R 中我们通常需要的是生成服从某随机分布的随机数. 可以利用 R 软件中自带的函数, 但作为实验学习部分, 我们将以均匀正态分布入手去产生服从其他概率分布的随机数.

2.2　常见分布随机变量

1. 离散伯努利分布

我们运用连续的均匀 0-1 分布 (Uniform 0-1) 来生成离散的伯努利分布 (Bernoulli(p)), 其中伯努利的参数 $P(x=1)=p$ 是可调整的.

首先我们回顾一下概率论中伯努利分布的定义: 伯努利分布 (Bernoulli(p)) 的随机变量可取 0 或 1, 并且其取 1 的概率为 p, 取 0 的概率为 $1-p$. 由此可写出服从伯努利分布的随机变量 x 的概率分布函数 (probability mass function)

$$P(x) = \begin{cases} p, & x = 1, \\ 1-p, & x = 0, \end{cases}$$

并且可知其均值 $E(x)=p, \mathrm{Var}(x)=p(1-p)$.

由此我们可将均匀分布中产生的随机变量 u 作为伯努利分布的概率, 当 $u \leqslant p$ 时, 输出 $x=1$, 反之则输出 $x=0$. 我们产生 10000 个服从 Bernoulli(0.3) 分布的随机变量, 并且利用其均值与方差对随机变量的分布进行验证.

```
> p=0.3
> u <- runif(10000)
> x <- as.numeric(u <= p)
> mean(x)
[1] 0.2988                        #均值的理论值为0.3
> var(x)
[1] 0.2095395                     #方差的理论值为0.21
```

2. 离散二项分布

由于我们已经学会生成伯努利分布的随机变量了, 进而生成二项分布已经近在咫尺.

首先还是回顾在概率论中二项分布的定义: 二项分布 (Binomial(n, p)) 表示进行 n 次伯努利试验, 每次试验成功记为 1, 失败记为 0, 最终 n 次试验中成功的次数 x 则为二项分布随机变量. 同样我们可以得到二项分布 x 的概率分布函数: $P(x) = \mathrm{C}_n^x p^x (1-p)^{n-x}$, 并且可知其均值与方差分别为 $E(x) = np$, $\mathrm{Var}(x) = np(1-p)$.

由此我们可以利用上面生成 n 次成功概率为 p 的伯努利随机变量, 并对其求和, 则可得到 n 次伯努利试验中成功的次数 x, 即一个二项分布随机变量. 重复若干次则可得到多个二项分布随机变量.

```
> result <- array(0,10000)
> for (i in 1:10000) {
+    p=0.3
+    u <- runif(10)
+    x <- as.numeric(u <= p)
+    result[i] <- sum(x)
+ }
> mean(result)              #理论值为3
[1] 3.0202
> var(result)              #理论值为2.1
[1] 2.0842
```

我们生成 10000 个参数 $n = 10$, $p = 0.3$ 的二项分布随机变量, 并利用均值、方差进行验证. 可以使用 hist 函数画出随机数的直方图, 以观察其概率分布函数. 作为参照, 我们可用 lines 函数画出 Binomial$(10, 0.3)$ 的理论分布函数曲线. 这里采用 hist 绘图有一定的弊端, hist 会默认假设我们的数据是连续数据, 因此自行对数据进行分组, 而该分组不一定准确. 例如此处如让 hist 自动分组 (图 2.2.1(a)), 则其选择将我们 9 个离散数据分为 19 组, 而 y 轴数字代表频率与组距的比值, 这里组距为 0.5, 因此箭头所指最高概率值大概为 $0.5 \times 0.5 = 0.25$. 我们有三种方法对图像进行改进. 首先我们尝试调整 hist 中的 break 参数使其满足我们的要求. 调整 break 参数有两种常用手段: ①利用一个正整数表示需要分出的组数, 有 hist 函数确定切分点 (图 2.2.1(b)); ②直接给出分组点的数组 (图 2.2.1(c)). 或者我们直接放弃 hist 函数, 改用 barplot 函数去作柱状图 (图 2.2.1(d)).

```
hist(result,probability= T)                #hist函数自动分为19组
hist(result,probability= T,breaks = 9)    #手动调整分为9组
hist(result,probability= T,breaks = c(0,0.5,1.5,2.5,3.5,4.5,5.5,6.5,
7.5,8.5,9.5,10.5))                         #手动确定分组位置
result.table <- table(result)              #利用table函数对数据进行频数汇总
result.table <- result.table/10000         #计算频率作为概率的估值
barplot(result.table)                      #绘制柱状图
y <- dbinom(c(0,1,2,3,4,5,6,7,8,9,10),10,0.3)
                                           #利用dbinom生成概率分布函数
x <- c(0:10)
lines(x,y)
```

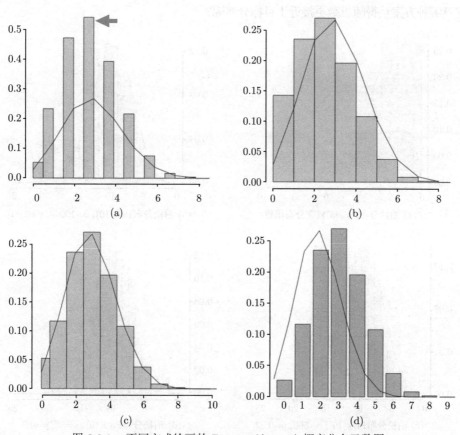

图 2.2.1　不同方式绘画的 Binomial(10,0.3) 概率分布函数图

3. 离散泊松分布

我们将问题再往前推进一步, 当我们进行 k 次试验, 并记录其中的成功次数为 x, 就获得了二项分布的随机变量. 那同样是重复伯努利试验并记录成功次数的泊松分布能否用同样的思路进行生成呢?

我们先利用渐近理论的思路, 当二项分布的 n 很大而 p 很小时, 泊松分布可作为二项分布的近似分布. 因此虽然无穷次的试验是不现实的, 但是大量 (高于 1000 次) 的试验在计算机上也就是几秒钟的时间即可完成. 根据泊松分布的概率分布函数 $P(X = k) = \dfrac{\lambda^k}{k!} e^{-\lambda}$, $k = 0, 1, \cdots, \infty$, 当用泊松分布估计二项分布时, $\lambda \approx np$. 我们可计算出当 λ 较小时其对应的二项分布期望也较小. 利用该性质我们尝试生成服从 Pois(3) 的随机变量. 在此利用 $n = 100$, $p = 0.03$ 的二项分布进行试验. 那这时同学会有疑问了: 如果生成 Pois(10), 该如何设定二项分布的 n 与 p 值呢? 现有三种方案: ①n=10000, p=0.001(图 2.2.2(b)); ②n=500, p=0.02(图 2.2.2(c)); ③n=50, p=0.2(图 2.2.2(d)). 究竟哪种方案获得随机数更接近于目标分布呢?

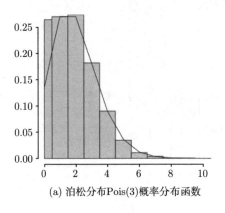

(a) 泊松分布Pois(3)概率分布函数

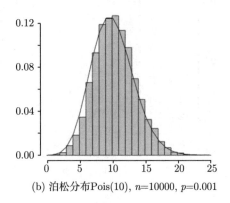

(b) 泊松分布Pois(10), n=10000, p=0.001

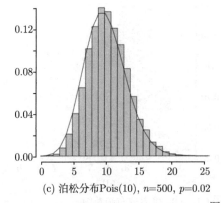

(c) 泊松分布Pois(10), n=500, p=0.02

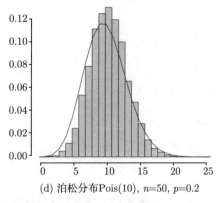

(d) 泊松分布Pois(10), n=50, p=0.2

图 2.2.2

```
result <- array(0,10000)
for (i in 1:10000) {
  p=0.02
  u <- runif(100)
  x <- as.numeric(u <= p)
  result[i] <- sum(x)
}
mean(result)
var(result)
hist(result,probability= T,breaks = c(0,0.5,1.5,2.5,3.5,4.5,5.5,6.5,
7.5,8.5,9.5,10.5))
y <- dpois(c(0,1,2,3,4,5,6,7,8,9,10),2)
x <- c(0:10)
lines(x,y)


result <- array(0,10000)
for (i in 1:10000) {
  p=0.001
  u <- runif(10000)
  x <- as.numeric(u <= p)
  result[i] <- sum(x)
}
mean(result)
var(result)
hist(result,probability= T, breaks = c(seq(0,25,0.99)))
y <- dpois(c(0:25),10)
x <- c(0:25)
lines(x,y)


result <- array(0,10000)
for (i in 1:10000) {
  p=0.02
  u <- runif(500)
  x <- as.numeric(u <= p)
  result[i] <- sum(x)
}
mean(result)
var(result)
hist(result,probability= T, breaks = c(seq(0,26,0.99)))
y <- dpois(c(0:26),10)
```

```
x <- c(0:26)
lines(x,y)

result <- array(0,10000)
for (i in 1:10000) {
  p=0.2
  u <- runif(50)
  x <- as.numeric(u <= p)
  result[i] <- sum(x)
}
mean(result)
var(result)
hist(result,probability= T, breaks = c(seq(0,26,0.99)))
y <- dpois(c(0:26),10)
x <- c(0:26)
lines(x,y)
```

从图像的对比上来看三张图片似乎没有显著区别, 由于使用的是随机分布的渐近性性质, 因此我们得到的都是近似服从泊松分布的随机变量. 那如何得到理论上服从正态分布的随机变量呢? 在此我们介绍逆变换法 (inverse transformation method).

2.3 逆变换法

如果有一个函数 $y = f(x)$, 其中 y 与 x 之间为一一对应, 即任意一个 x 值, 有且仅有 1 个 y 与之对应, 同样地任意 y 值, 也有且仅有 1 个 x 与之对应, 则该函数存在反函数 $x = f^{-1}(y)$. 那么当我们得到一个 y 值的同时, 也等价于得到了与 y 对应的 x 值. 我们若将随机变量 x 与概率 p 当作函数的自变量与因变量, 那么可否找到一个函数 $p = f(x)$ 来构建概率 p 与服从特定分布的随机变量 x 之间的一一对应关系. 利用上面的思想, 我们可以利用 0-1 均匀分布随机变量 p 来得到与之对应的随机变量 x. 我们可以用三种函数来代表随机分布: ①概率分布 (密度) 函数 (distribution/density function); ②概率累积函数 (cumulated density function); ③矩生成函数 (moment generating function). 我们可能想到利用概率分布 (或密度) 函数, 但很可惜该函数并不满足一一对应, 例如二项分布 Binomial(10,0.5) 中我们有 $P(x = 2) = P(x = 8)$. 因此我们想到可以使用概率累积函数 $F_x(k) = P(x \leqslant k)$, 该函数满足了概率与随机变量间的一一对应关系.

利用概率累积函数 $F(x)$ 我们可根据上面的思路产生服从特定随机分布的随机变量 x:

- 计算概率累积函数的反函数 $x = F_x^{-1}(p)$;
- 产生服从 0-1 均匀分布的随机变量 p;
- 将产生的随机变量 p 代入反函数中得到服从特定分布的随机变量 $x = F_x^{-1}(p)$.

在此我们简单证明由此产生的连续随机变量 x 确实服从目标分布: 若 $x = F_x^{-1}(p)$ 服从目标分布, 则有 $P(x \leqslant k) = F_x(k)$,

$$P\left(x = F_x^{-1}(p) \leqslant k\right) = P\left(\inf\{t : F_x(t) = p\} \leqslant k\right)$$

$$= P\left(p \leqslant F_x(k)\right)$$

$$= F_{\text{Uniform}}\left(F_x(k)\right) = F_x(k).$$

在证明的第一行公式中, 我们将 $F_x^{-1}(p)$ 根据概率累积函数的定义转化为 $\inf\{t : F_x(t) = p\}$, 该式子表示 $F_x(t) = p$ 的集合中变量 t 的上限. 在第二行证明中, 由于概率累积函数为关于变量 x 的单调递增函数, 因此在不等式两边同时进行 F_x 运算不改变不等式方向. 在第三行中我们利用到了 0-1 均匀分布的概率累积函数表达式 $F(k) = k$, 当 $k \in [0, 1]$. 由上可证利用逆变换法得到的随机变量 x 的确服从目标分布 F_x.

我们可以采用逆变换法获得服从泊松分布的随机变量. 首先通过简单的资料查找可知 $\text{Pois}(\lambda)$ 的概率累积函数为 $F_x(k) = \mathrm{e}^{-\lambda} \sum_{i=0}^{\lfloor k \rfloor} \frac{\lambda^i}{i!}$, 其中我们可以看到一个向下取整 (floor) 的函数 $\lfloor k \rfloor$ 是由于在该函数中我们假设 k 为大于等于 0 的实数. 在实际试验中我们并不需要采用 k 为连续实数的假设. 如果我们将 k 看为离散的非负整数, 那么明显 $F_x(k)$ 是一个分段函数, 同理其反函数 F_x^{-1} 也是一个分段函数. 因此在离散随机变量中, 我们并不需要求该分布的概率累积函数的反函数, 我们生成概率累积函数表就可以得到随机变量与累积概率之间的一一对应关系了 (表 2.3.1).

表 2.3.1   Pois(3) 概率累积分布表

k	1	2	3	4	5	6	7	8	9	10	$\cdots$
$F_x(k)$	0.199	0.423	0.647	0.815	0.916	0.966	0.988	0.996	0.998	0.999	$\cdots$

此时我们生成一个 0-1 分布的随机变量 $p = 0.7$, 通过查表可看到 $F_x(3) < 0.7 \leqslant F_x(4)$, 根据概率累积函数的定义我们选择向上取整, 因此得到随机变量 $x = 4$. 利用该方法我们生成服从 Pois(3) 分布的随机变量 (图 2.3.1(a)):

```
Fx <- ppois(c(0:11),3)        #用ppois生成概率累积分布表
```

```
p <- runif(10000)
result <- p
for (i in 12:1) {
    print(i)    #采用12:1可通过print函数看到for循环不一定非要正向循环
    result[p<=Fx[i]] = i-1
}
hist(result,probability= T, breaks = c(seq(0,12,0.99)))
y <- dpois(c(0:12),3)
x <- c(0:12)
lines(x,y)
```

代码中 p<=Fx[i] 产生了一组布尔变量向量, 把该向量放入方括号中 [p<=Fx[i]] 可取出对应 TRUE 位置的元素.

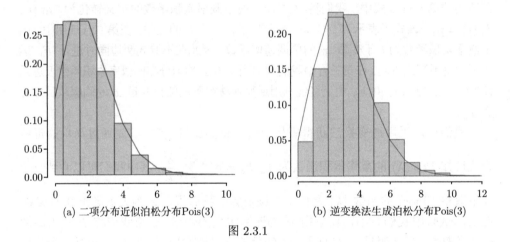

(a) 二项分布近似泊松分布Pois(3)   (b) 逆变换法生成泊松分布Pois(3)

图 2.3.1

对比由逆变换法生成的随机变量分布 (图 2.3.1(b)) 以及二项分布近似生成的随机变量分布 (图 2.3.1(a)), 可明显看出其在 [0, 3] 区间内的差距.

进而我们生成 Pois(100) 的随机变量. 但此时遇到一个问题, 在生成随机分布的概率累积函数表时我们需要确定 k 的最大值, 但理论上 k 的取值范围是 $[0, +\infty)$, 而我们却无法生成无穷长度的向量. 此时我们可以使用判别语句 while 根据需求添加概率累积函数表的长度.

```
Fx <- ppois(c(0:20),100)
p <- runif(10000)
uplim <- max(p)
i=1
result <- p
while (max(Fx)<uplim) {          #根据需要调整Fx长度
```

```
  Fx <- append(Fx,ppois(20+i,100))
  i=i+1
}
for (i in (length(Fx)+1):1) {
  result[p<=Fx[i]] = i-1
}
hist(result,probability= T, breaks = c(seq(-0.5,length(Fx)+1.5,1)))
y <- dpois(c(0:150),100)
x <- c(0:150)
lines(x,y,col=2)
```

由泊松分布的性质 $E(x) = \lambda$, 同时从直方图 (图 2.3.2) 中也可看出, 初始生成的长度为 21 的概率累积函数列表是远远不够的, 最终根据 while 语句的调整我们将 Fx 的长度扩展 (append) 到了 148 位.

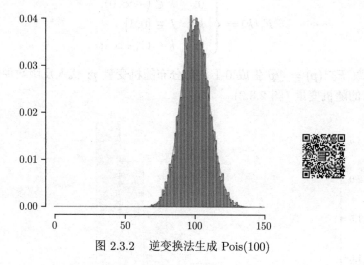

图 2.3.2　逆变换法生成 Pois(100)

2.3.1　连续随机分布样本

在后续的研究中不仅仅会见到常见随机分布, 还会有一些我们 x 自定义的分布. 对于分布函数 $f(x)$, 只需要保证两个条件即可构成随机分布:

(1) 非负性. 对于样本空间内的任意随机变量 x, 其概率分布函数值或概率密度函数值都满足 $f(x) \geqslant 0$.

(2) 全样本概率为 1. 离散随机变量 x, 对样本空间内的所有元素的概率分布进行加和需满足 $\sum f(x) = 1$; 同样连续随机变量 x, 在其样本空间内进行积分需满足 $\int f(x) = 1$.

对于离散的随机分布, 我们总可以生成概率分布列表, 并使用之前的逆变换法来生成服从目标分布的随机变量. 而对于连续随机变量, 例如我们定义 $f(x) = \begin{cases} 3x^2, & x \in [0,1], \\ 0, & \text{其他,} \end{cases}$ 则可知该函数在 $(-\infty, +\infty)$ 上的积分为 1, 那么这个 $f(x)$ 可定义一个随机分布. 我们依然可以很便捷地使用逆变换法来生成 $f(x)$ 定义的连续随机变量:

(1) 根据分布函数 $f(x)$ 推导概率累积函数 $F_x(k)$;

(2) 求概率累积函数的反函数 $F_x^{-1}(p)$;

(3) 生成服从 0-1 均匀分布的随机变量 p;

(4) 将随机变量 p 代入反函数得到服从目标分布的随机变量 $x = F_x^{-1}(p)$.

如上面我们定义的随机分布, 首先通过积分得到概率累积函数

$$F_x(k) = \begin{cases} 0, & k \in (-\infty, 0), \\ k^3, & k \in [0,1], \\ 1, & k \in (1, +\infty); \end{cases}$$

再求反函数 $F_x^{-1}(p) = \sqrt[3]{p}$ 生成 0-1 均匀分布随机变量 p; 代入反函数便得到服从 $f(x)$ 分布的随机变量 (图 2.3.3).

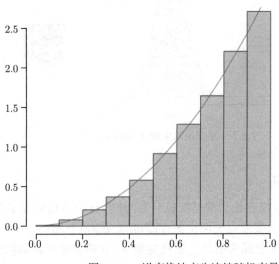

图 2.3.3　逆变换法产生连续随机变量

```
p <- runif(10000)
result <- p^(1/3)
hist(result, probability = T, breaks = c(seq(0,1.,0.1)))
x <- seq(0,1,0.1)
```

```
y <- 3*x^2
lines(x,y, col=2)
```

2.3.2 指数分布随机变量

我们实验使用逆变换法来生成常见随机分布的随机变量. 指数分布 (exponential distribution) 常用于描述泊松过程 (Poisson point process) 中间隔时间的随机分布. 其概率密度函数为 $f(x) = \begin{cases} \lambda e^{-\lambda x}, & x \geqslant 0, \\ 0, & x < 0, \end{cases}$ 通过积分我们可计算其概率累积函数表达式为

$$F_x(k) = \begin{cases} 1 - e^{-\lambda k}, & k \geqslant 0, \\ 0, & k < 0, \end{cases}$$

该函数的反函数 $F_x^{-1}(p) = \dfrac{\ln(1-p)}{-\lambda}$. 根据逆变换法步骤, 我们先产生 0-1 均匀随机变量 p, 再将 p 代入概率累积函数的反函数中即可得到服从指数随机分布的随机变量 x. 在此我们实验产生 $\lambda = 10$ 的指数分布随机变量 $x \sim \mathrm{Exp}(10)$, 图像见图 2.3.4.

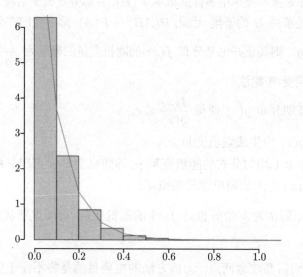

图 2.3.4　逆变换法生成指数分布随机变量

```
lambda=10
p <- runif(10000)
result <- log(1-p)/(-lambda)
hist(result, probability = T, breaks = c(seq(0,1.1,0.1)))
x <- seq(0,1.1,0.1)
```

```
y <- dexp(x,10)
lines(x,y, col=2)
```

2.4　接受-拒绝法

　　若想生成服从标准正态分布 $f(x) = \dfrac{1}{\sqrt{2\pi}}\mathrm{e}^{-\frac{1}{2}x^2}$ 的随机变量, 我们会遇到一个理论上的难题: 正态分布的概率累积函数没有解析式. 即使我们使用标准正态分布的分位数表也无法生成理论上连续的随机变量. 因此我们需要引入新的算法——接受-拒绝法 (acceptance-rejection method).

　　该方法可以理解为对条件概率的运用. 当前我们有两个随机分布 $f(x)$ 与 $g(x)$, 其中 $f(x)$ 是我们的目标分布, 分布 $g(x)$ 与 $f(x)$ 拥有相同的样本空间并且满足 $\dfrac{f(x)}{g(x)} \leqslant c$, 其中 c 为一个常数. 根据基于条件 B 事件 A 的条件概率公式 $P(A \mid B) = \dfrac{P(AB)}{P(B)}$, 我们可以将 $cg(x)$ 看作是条件概率中条件的概率 $P(B)$, 目标分布概率函数为事件 A 的概率, 并且事件 A 是事件 B 的子集, 因此 $P(AB) = P(A)$. 那么我们在分布 $g(x)$ 中产生一个随机变量 y , 则其正好也是分布 $f(x)$ 的随机变量的概率为 $\dfrac{f(x)}{cg(x)}$. 利用该思路我们就得到了接受-拒绝法:

　　(1) 找到合适的辅助分布 $g(x)$ 使得 $\dfrac{f(x)}{g(x)} \leqslant c$;

　　(2) 从随机分布 $g(x)$ 中生成随机变量 k;

　　(3) 同时生成一个 0-1 均匀分布的随机变量 p, 该随机变量 p 可用于模拟随机变量 k 的目标分布 $f(x)$ 产生的随机变量的概率;

　　(4) 若 $p \leqslant \dfrac{f(x)}{cg(x)}$, 则认为 k 恰好也是 $f(x)$ 的随机变量, 否则重新从第 (2) 步开始.

　　在实际应用中我们需要注意两点: ①该方法的主要目的是将不便于生成随机变量的概率密度函数 $f(x)$ 退化为容易产生随机变量的 $g(x)$; ②并不要求常数 c 的取值范围.

　　在此我们改进接受-拒绝法来生成标准正态分布随机变量. 首先我们考虑采用指数分布函数作为辅助分布 $g(x)$, 但是指数分布只能产生 $[0,+\infty)$ 的随机变量, 由于标准正态分布是关于 0 对称的随机分布, 因此我们可以考虑产生的一个随机数, 将有 50% 的概率是正值而另外 50% 的概率为负值. 并且我们采用指数分布

$g(x) = \dfrac{1}{2}\mathrm{e}^{-\frac{1}{2}x}, \ x \in [0, +\infty)$ 作为辅助分布时, 可证明 $\dfrac{f(x)}{g(x)} \leqslant \dfrac{\sqrt{2}}{\sqrt{\pi}}\mathrm{e}^{\frac{1}{8}} = c$(图 2.4.1). 由此我们采用以下步骤产生标准正态分布的随机变量:

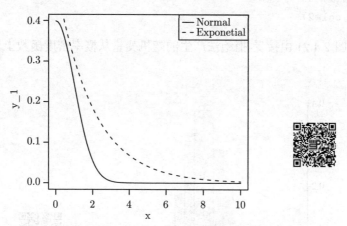

图 2.4.1　接受-拒绝法生成正态分布与指数分布概率密度函数曲线

(1) 利用逆变换法产生服从指数分布 $\mathrm{Exp}\left(\dfrac{1}{2}\right)$ 的随机变量 y;

(2) 生成两个独立且服从 0-1 均匀分布的随机变量 p_1 和 p_2 分别作为判别接受-拒绝的指标数据;

(3) 如果 $p_1 \leqslant \dfrac{f(x)}{cg(x)}$, 则接受当前随机变量 y 为正态分布的一个随机变量, 反之则从第 (1) 步重新开始;

(4) 如果 $p_2 \leqslant 0.5$, 则记目标分布随机变量 $x = -y$, 反之则记 $x = y$.

```
lambda=0.5
c <- sqrt(2)/sqrt(pi) * exp(1/8)
result <- vector("numeric")
while(length(result)<=10000){
  p <- runif(3)
  temp <- log(1-p[1])/(-lambda)
  indicator <- dnorm(temp)/(c * dexp(temp, lambda))
  if(p[2]<= indicator){
    if(p[3]<=0.5){
      temp = -temp
    }
    result <- append(result, temp)
  }
}
```

```
}
hist(result, probability = T, breaks = c(seq(-5,5,0.5)))
x <- seq(-5,5,0.1)
y <- dnorm(x)
lines(x,y,col=2)
```

可见 (图 2.4.2) 由接受-拒绝法产生的随机变量从概率密度函数上看符合目标分布.

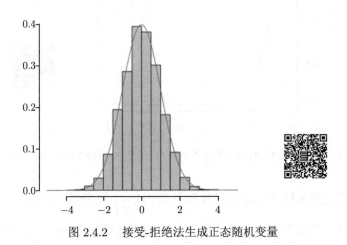

图 2.4.2　接受-拒绝法生成正态随机变量

我们还可使用 QQ 图（quantile to quantile plot）进行判断. 在此我们采用手工绘制 QQ 图:

```
result.order <- sort(result)
n <- length(result)
result.prob <- seq(1,n,1)/(n+1)       #计算经验概率累积函数值
x <- qnorm(result.prob)               #根据经验概率累积计算理论分位数
plot(x,result.order)

qqnorm(result)
```

首先采用正态分位数作为 x 轴坐标, 在 R 中可以采用 "q+ 分布简称" 的方式获得对应概率的分位数. 进而使用样本分位数作为 y 轴坐标以此得到一系列的点 (x_i, y_i), 其中 $i = 1, 2, \cdots, n$, 并且 n 为样本总量. 计算样本分位数可以利用 sort 函数获得数据的排序, 然后根据其序数 i 计算对应的经验概率累积函数值 $F_{\text{empirical}}(x_i) = \dfrac{i}{n+1}$. 最后使用 plot 函数画出散点图 (图 2.4.3(a)). 当然也可以直接使用 R 软件自带的 qqnorm 函数输出正态 QQ 图 (图 2.4.3(b)).

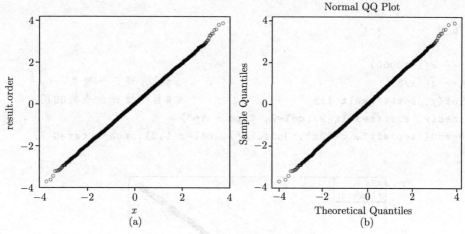

图 2.4.3 两种方法做出的 QQ 图

我们不禁会问在接受-拒绝法中, 选取同样满足条件的不同分布 g 是否对算法有所影响? 例如我们希望生成服从分布 $f_x(x) = 4x^3$, 其中 $x \in [0,1]$ 的随机变量. 这时我们有两个选择: ① $f_x(x) = 2x$ 且 $x \in [0,1]$ 的构造随机分布; ② 0-1 均匀分布 $f_x(x) = 1$. 我们先通过试验观察采用不同的 $g(x)$ 对于该算法在结果上是否有影响 (图 2.4.4).

```
result_1 <- vector("numeric")
result_2 <- vector("numeric")
n_1 <- 0
n_2 <- 0
while (length(result_1)<10000) {    #采用第一个g函数生成随机变量
  temp1 <- runif(1)
  x <- sqrt(temp1)
  temp2 <- runif(1)
  indicator <- x^2
  if(temp2<indicator){
    result_1 <- append(result_1, x)
  }
  n_1 <- n_1 + 1
}
while (length(result_2)<10000) {    #采用第二个g函数生成随机变量
  temp1 <- runif(1)
  temp2 <- runif(1)
  indicator <- temp1^3
  if(temp2<=indicator){
    result_2 <- append(result_2, temp1)
```

```
    }
    n_2 <- n_2 + 1
}
x <- c(1:10000)
y <- x^(1/3)                          #计算理论分位数
plot(y, sort(result_1))               #画出特殊分布的QQ图
lines(y, sort(result_2),col=2, type = "p")
legend("topleft", c("2x","Uniform"), col=c(1,2), pch=1,cex=0.7)
```

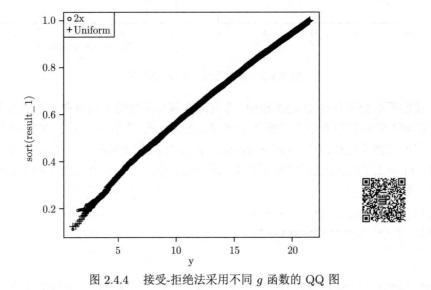

图 2.4.4   接受-拒绝法采用不同 g 函数的 QQ 图

通过观察采用两种 g 函数生成的随机变量的 QQ 图 (图 2.4.4), 我们可以看到选择不同的辅助分布 g 对于最终的结果没有显著的影响. 但是在算法的代码中我们利用 n_1 与 n_2 记录下了各算法循环的次数. 其中生成 10000 个符合目标分布的随机变量, 算法①共使用了 19994 次循环, 而算法②一共使用了 40101 次循环. 显然两种算法在效率上是有明显区别的.

那采用不同的辅助分布 g 对于效率的影响又该如何度量呢? 我们通过证明该算法产生的随机数服从目标分布来进行探索. 我们需要证明被接受的随机变量 y 服从目标分布 $f_x(x)$, 利用条件概率公式知我们需要证明:

$$P(y \mid \text{accepted}) = \frac{P(\text{accepted} \mid y)P(y)}{P(\text{accepted})} = f_x(y),$$

其中 $P(y) = g(y)$, 而我们还需继续推导 $P(\text{accepted}| y)$ 和 $P(\text{accepted})$ 的公式.

根据接受-拒绝法的定义, 随机变量 y 被接受的概率为

$$P(\text{accepted} \mid y) = P\left(u \leqslant \frac{f(y)}{cg(y)}\right),$$

由于 $u \sim \text{Uniform}(0,1)$, 则 $P(u \leqslant k) = k$, 那么可得

$$P(\text{accepted} \mid y) = \frac{f(y)}{cg(y)}.$$

同时, 任意一次循环产生的随机变量被接受的概率可通过全概率公式的积分得到

$$P(\text{accepted}) = \int P(\text{accepted} \mid y)P(y)\mathrm{d}y = \int \frac{f(y)}{cg(y)}g(y)\mathrm{d}y = \frac{1}{c}\int f(y)\mathrm{d}y = \frac{1}{c}.$$

由以上公式我们可得两个结论:

(1) 已证明 $P(y \mid \text{accepted}) = f_x(y)$, 因此接受-拒绝法产生的随机变量确实服从目标分布;

(2) 每次循环产生的随机变量被接受的概率为 $\dfrac{1}{c}$, 且每次循环相互独立, 因此每生成一个服从目标分布的随机变量需要的循环次数 n 可视作服从参数为 $\dfrac{1}{c}$ 的几何随机变量, 其期望为 c.

因此, 当我们分别选择 $g_x(x) = 2x$ 和 $g_x(x) = 1$ 时, 其 c 分别等于 2 和 4, 因此生成 10000 个符合要求的随机变量, 各自需要的循环次数期望分别为 20000 和 40000. 至此我们从理论上研究了不同 g 分布对于本算法的影响, 那具体该如何选择 g 分布呢? 我们应尽量选择与目标分布 $f_x(x)$ 形状相似的分布 $g_x(x)$ 以降低固定常数 c 的值, 进而提升算法的效率. 如我们的目标函数 $f_x(x) = 4x^3$, 若我们选择 $g_x(x) = 3x^2$, 其效率会高于上面的两种选择, 且可估计生成 10000 个符合要求的随机变量, 其循环次数期望值为 $10000 \times \dfrac{4}{3} \approx 13333$.

2.5 转 换 法

在概率论与数理统计中, 我们曾学习过有的分布之间的随机变量是可以相互转换的. 如 $x_i \sim N(0,1)$, 则 $y = \sum\limits_{i=1}^{n} x_i^2 \sim \chi^2(n)$, 再通过 $\dfrac{y_n/n}{y_m/m} \sim F(n,m)$ 可获得 F 分布的随机变量, 且其中的 $y_n \sim \chi^2(n)$, 同时 $y_m \sim \chi^2(m)$. 在此我们利用之

前生成标准正态分布随机变量的算法来分别生成卡方分布 $\chi^2(2), \chi^2(3)$ 和 F 分布 $F(2,3)$ (图 2.5.1):

(1) 生成 n 个独立且服从标准正态分布的随机变量 $\{x_1, x_2, \cdots, x_n\}$;

(2) 将 n 个服从标准正态分布的独立随机变量进行平方加和 $y = \sum_{i=1}^{n} x_i^2$, 得到服从 $\chi^2(n)$ 分布的随机变量 y;

(3) 利用公式 $z = \dfrac{y_2/2}{y_3/3}$ 将 $y_2 \sim \chi^2(2)$ 和 $y_3 \sim \chi^2(3)$ 进行运算得到服从 $F(2,3)$ 的随机变量 z.

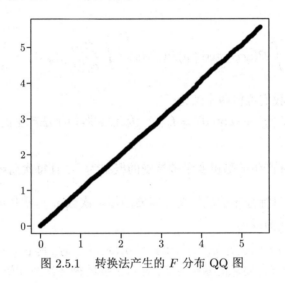

图 2.5.1   转换法产生的 F 分布 QQ 图

```
lambda=0.5
c <- sqrt(2)/sqrt(pi) * exp(1/8)
result_2 <- vector("numeric")          #将用于产生的标准正态随机变量
while(length(result_2)<=20000){
  p <- runif(3)
  temp <- log(1-p[1])/(-lambda)
  indicator <- dnorm(temp)/(c * dexp(temp, lambda))
  if(p[2]<= indicator){
    if(p[3]<=0.5){
      temp = -temp
    }
    result_2 <- append(result_2, temp)}}
result_3 <- vector("numeric")          #将用于产生的标准正态随机变量
while(length(result_3)<=30000){
```

```
p <- runif(3)
temp <- log(1-p[1])/(-lambda)
indicator <- dnorm(temp)/(c * dexp(temp, lambda))
if(p[2]<= indicator){
  if(p[3]<=0.5){
    temp = -temp
  }
  result_3 <- append(result_3, temp)}}
temp1 <- vector("numeric")          #计算服从卡方(2)的随机变量
for(i in 1:10000){
  temp1 <- append(temp1, sum(result_2[((i-1)*2+1):(i*2)]^2))}
temp2 <- vector("numeric")          #计算服从卡方(3)的随机变量
for(i in 1:10000){
  temp2 <- append(temp2, sum(result_3[((i-1)*3+1):(i*3)]^2))}
result_F <- (temp1/2)/(temp2/3)     #计算服从F(2,3)的随机变量
```

同样的方法我们还可利用 0-1 均匀分布独立随机变量 $x_1, x_2 \sim \text{Uniform}\,(0,1)$ 与标准正态分布随机变量之间的关系

$$z_1 = \sqrt{-2\log{(x_1)}}\cos{(2\pi x_2)}, \quad z_2 = \sqrt{-2\log{(x_2)}}\sin{(2\pi x_1)}$$

来生成独立且服从标准正态分布的随机变量 (图 2.5.2).

```
x.1 <- runif(10000)              #生成独立同分布的 0-1 均匀分布随机变量
x.2 <- runif(10000)
z.1 <- sqrt(-2*log(x.1))*cos(2*pi*x.2)#计算其对应的独立标准正态分布随机变量
z.2 <- sqrt(-2*log(x.2))*sin(2*pi*x.1)
```

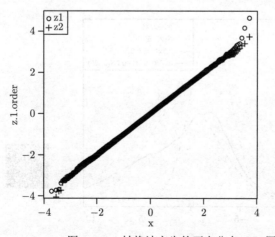

图 2.5.2 转换法产生的正态分布 QQ 图

2.6 混 合 分 布

在实际研究中我们还会遇到一类特殊分布——混合分布 (mixtures). 该类分布与前面的转换法产生的分布有本质上的区别. 例如某随机变量 z 服从两个均值与方差都不同的正态分布组成的混合分布 $z \sim pN\left(\mu_1, \sigma_1^2\right) + (1-p)N\left(\mu_2, \sigma_2^2\right)$, 我们称 p 为混合概率. 随机变量并不能采用上述的转换法产生, 之后我们可以对比随机变量 z 与 $u = px_1 + (1-p)x_2$ 的区别, 其中 $x_1 \sim N\left(\mu_1, \sigma_1^2\right), x_2 \sim N\left(\mu_2, \sigma_2^2\right)$.

我们产生混合分布的步骤对之后估计混合分布参数的方法有一定的指导作用:

(1) 产生独立同分布的随机变量 $x_1 \sim N\left(\mu_1, \sigma_1^2\right)$ 和 $x_2 \sim N\left(\mu_2, \sigma_2^2\right)$;

(2) 产生 0-1 均匀分布随机变量 u;

(3) 当 $u < p$ 则 $z = x_1$, 反之则 $z = x_2$.

在此我们做出生成的混合分布 $0.3N(-2, 4) + 0.7N(2, 25)$ 随机变量概率密度曲线与 $0.3x_1 + 0.7x_2$ 的概率密度曲线进行对比 (图 2.6.1).

```
y.4 <- vector("numeric")        #y.4是最终的混合分布随机变量
while (length(y.4)<100000) {
  temp1 <- rnorm(1,-2,2)  #利用 rnorm 产生均值为-2, 标准差为 2 的正态随机变量
  temp2 <- rnorm(1,2,5)   #利用 rnorm 产生均值为 2, 标准差为 5 的正态随机变量
  u <- runif(1)                 #生成判别概率u
  if(u <= 0.3){                 #根据判别概率决定本随机变量来自哪个分布
  y.4 <- append(y.4, temp1)
  }else{
  y.4 <- append(y.4, temp2)
  }
}
```

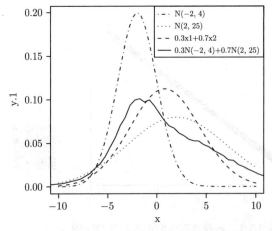

图 2.6.1   混合分布概率密度函数对比

可见两个分布的概率密度函数完全不同, 理论上 $0.3x_1 + 0.7x_2$ 仍然为正态分布, 因此其保持了对称性, 而混合分布则显示了明显的左偏特性.

2.7 随机数实验

本章至此已介绍了若干随机数的生成算法, 接下来我们将利用这些算法进行一些有趣的统计计算实验.

1. 利用圆面积估计 π

我们都知道现如今圆周率 π 依然被认为是无穷不循环小数, 而对于 π 的计算方法也有很多. 在此我们发散思维, 利用随机数实验对 π 的值进行估计. 我们可以利用圆面积公式 $S = \pi R^2$ 反推圆周率的估值. 假设我们已知一个单位圆 $(R = 1)$ 的面积, 该单位元的面积便是圆周率的估值. 那么如何产生一个单位元的面积? 我们利用古典概型中的面积概率, 如果在直角坐标系中有一个正方形, 其四个顶点坐标分别为 $A(1,1)$, $B(-1,1)$, $C(-1,-1)$ 及 $D(1,-1)$, 同时有一个以原点为圆心半径为 1 的单位圆 $x^2 + y^2 = 1$. 如果在正方形中随机生成一个点, 那么该点正好也在圆内的概率便是 $p = \dfrac{S_{\text{circle}}}{S_{\text{rectangle}}}$. 我们通过统计实验的方式来获得该概率的估值 $\hat{p}$, 然后利用公式 $\hat{\pi} = 4\hat{p}$ 进行圆周率的估计 (图 2.7.1):

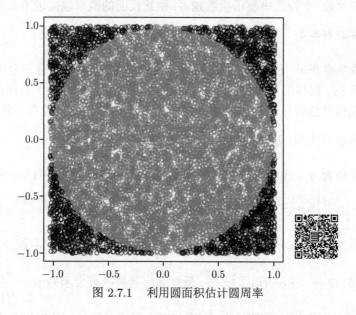

图 2.7.1   利用圆面积估计圆周率

(1) 通过分别生成 10000 个独立的 -1 到 1 的均匀随机变量 x, y 作为随机点坐标 (x, y);

(2) 利用随机点到原点的距离判别该点是否在圆内 $x^2 + y^2 \leqslant 1$;

(3) 计算满足条件的随机点数量为 n, 估计落入单位圆的概率为 $\hat{p} = \dfrac{n}{10000}$;

(4) 计算圆周率估值 $\hat{\pi} = 4\hat{p}$.

```
uniRand <- runif(40000)
uniRand.matrix <- matrix(uniRand,10000,4)
n <- 0
for(i in 1:10000){
  x1 <- uniRand.matrix[i,1]
  y1 <- uniRand.matrix[i,2]
  a <- uniRand.matrix[i,3]
  b <- uniRand.matrix[i,4]
  k <- (y1-b)/(x1-a)
  d <- 1/4 / sqrt(1+ (1/k^2))
  if((y1+d)>=1||(y1-d)<=0){
    n <- n+1
  }
}
```

最终我们通过实验得到了一个 $\pi \approx 3.1472$ 的估值结果. 若想提高估值精度可增加取点的数量. 就像抛掷硬币次数越多, 则正反面的概率越接近 0.5.

2. 布丰投针实验

法国数学家布丰 (Buffon) 提出的著名投针实验: 假设我们有一个平面上布满平行且间距 (d) 相等的直线, 向该平面内投掷一根长为 $2r$ 且小于直线间距 ($2r < d$) 的针, 求该针恰好压到直线的概率是多少? 该问题现在已经有了详尽的解答, 其中一种解答方法为, 若针的中心到最近直线的距离为 $m \in \left[0, \dfrac{d}{2}\right]$, 并且此时针与直线的夹角为 $\theta \in \left[0, \dfrac{\pi}{2}\right]$, 则当 $m \leqslant r \times \sin(\theta)$ 时针压到该直线. 因此我们将得到 $m \in \left[0, \dfrac{d}{2}\right]$, $\theta \in \left[0, \dfrac{\pi}{2}\right]$ 的一个二维平面, 平面面积 $S_1 = \dfrac{\pi d}{4}$. 同时, 满足条件的区域为 $f(\theta) = r \times \sin(\theta)$, $\theta \in \left[0, \dfrac{\pi}{2}\right]$ 曲线下的面积, 利用积分求得 $S_2 = \displaystyle\int_0^{\pi/2} r\sin(\theta)\mathrm{d}\theta = -\left. r\cos(\theta)\right|_0^{\pi/2} = r$, 最终该问题概率可表示为 $p = \dfrac{S_2}{S_1} = \dfrac{4r}{\pi d}$. 假设平行线之间的距离为 1, 针长为 $\dfrac{1}{2}$, 我们首先采用试验的方法对概率进行估计:

(1) 生成四个 0-1 独立均匀随机变量 x_1, y_1, a, b;

(2) 其中 $P(x_1, y_1)$ 作为针的中点, $Q = (a, b)$ 用来确定针所在直线方向 $k = \tan(\theta) = \dfrac{y_1 - b}{x_1 - a}$;

(3) 利用弦长公式 $\sqrt{1 + \dfrac{1}{k^2}}\, |y_1 - y_2| = \dfrac{1}{4}$ 求解未知数 y_2 的两个根;

(4) 如果有一个根大于 1, 则压到了上面的直线, 如果有一个根小于 0, 则压到了下面的直线;

(5) 重复试验 10000 次记录压线次数为 n, 则概率估值为 $p = n/10000$.

```
uniRand <- runif(40000)
uniRand.matrix <- matrix(uniRand,10000,4)
n <- 0
y2.vec <- vector("numeric")
y3.vec <- vector("numeric")
x2.vec <- vector("numeric")
x3.vec <- vector("numeric")
judge.vec <- vector("numeric")
for(i in 1:10000){
  x1 <- uniRand.matrix[i,1]
  y1 <- uniRand.matrix[i,2]
  a <- uniRand.matrix[i,3]
  b <- uniRand.matrix[i,4]
  k <- (y1-b)/(x1-a)
  d <- 1/4 / sqrt(1+ (1/k^2))
  if((y1+d)>=1||(y1-d)<=0){
    n <- n+1
    judge <- 1
    if((y1-d)<=0){
      judge <- -1
    }
  }else{judge <- 0}
  judge.vec <- append(judge.vec,judge)
  y2 <- y1+d
  y3 <- y1-d
  x2 <- (y2-y1)/k + x1
  x3 <- (y3-y1)/k + x1
  y2.vec <- append(y2.vec, y2)
  y3.vec <- append(y3.vec, y3)
  x2.vec <- append(x2.vec, x2)
  x3.vec <- append(x3.vec, x3)
```

```
}

x <- seq(-1,2,0.01)
y <- rep(1,301)
plot(x,y,type = "l",xlim = c(-1,2),ylim = c(-1,2))

lines(x,y-1)

x2.nointer <- x2.vec[judge.vec==0][1:10]
x3.nointer <- x3.vec[judge.vec==0][1:10]
y2.nointer <- y2.vec[judge.vec==0][1:10]
y3.nointer <- y3.vec[judge.vec==0][1:10]
for (i in 1:10) {
  lines(c(x2.nointer[i],x3.nointer[i]),c(y2.nointer[i],
  y3.nointer[i]),col=2)
}


x2.upinter <- x2.vec[judge.vec==1][1:10]
x3.upinter <- x3.vec[judge.vec==1][1:10]
y2.upinter <- y2.vec[judge.vec==1][1:10]
y3.upinter <- y3.vec[judge.vec==1][1:10]
for (i in 1:10) {
  lines(c(x2.upinter[i],x3.upinter[i]),c(y2.upinter[i],
  y3.upinter[i]),col=3)
}

x2.downinter <- x2.vec[judge.vec==-1][1:10]
x3.downinter <- x3.vec[judge.vec==-1][1:10]
y2.downinter <- y2.vec[judge.vec==-1][1:10]
y3.downinter <- y3.vec[judge.vec==-1][1:10]
for (i in 1:10) {
  lines(c(x2.downinter[i],x3.downinter[i]),c(y2.downinter[i],
  y3.downinter[i]),col=4)
}

x2.nointer <- x2.vec[1:50][judge.vec[1:50]==0]
x3.nointer <- x3.vec[1:50][judge.vec[1:50]==0]
y2.nointer <- y2.vec[1:50][judge.vec[1:50]==0]
y3.nointer <- y3.vec[1:50][judge.vec[1:50]==0]
```

```
for (i in 1:50) {
  lines(c(x2.nointer[i],x3.nointer[i]),c(y2.nointer[i],
  y3.nointer[i]),col=2)
}
```

```
x2.inter <- x2.vec[1:50][judge.vec[1:50]!=0]
x3.inter <- x3.vec[1:50][judge.vec[1:50]!=0]
y2.inter <- y2.vec[1:50][judge.vec[1:50]!=0]
y3.inter <- y3.vec[1:50][judge.vec[1:50]!=0]
for (i in 1:50) {
lines(c(x2.inter[i],x3.inter[i]),c(y2.inter[i],y3.inter[i]),col=3)
}
```

最终输出结果 $n = 3260$, 通过实验我们得到直线间隔 $d = 1$, 针长 $2r = \frac{1}{2}$ 的布丰投针实验概率估值为 $\hat{p} = 0.326$. 在实验中我们可以记录下生成的两端点纵坐标 y_2 和 y_3, 并且由 $x_i = x_1 + \frac{y_i - y_1}{k}(i = 2, 3)$ 可计算得到两端点横坐标 x_2 与 x_3, 进而可以使用 lines 命令将 "针" 在平面内画出 (图 2.7.2).

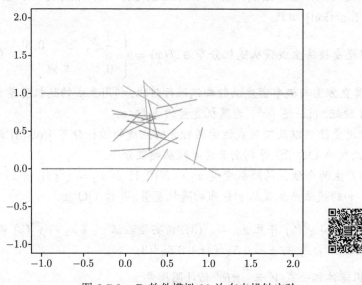

图 2.7.2 R 软件模拟 20 次布丰投针实验

通过之前的公式 $p = \frac{S_2}{S_1} = \frac{4r}{\pi d}$, 我们可计算得到当 $d = 1$, $2r = \frac{1}{2}$ 时, 布丰投针实验的理论概率为 π. 因此我们本次通过模拟布丰投针实验间接地对圆周率进行了估值 $\hat{\pi} = 3.067$.

思考与习题

1. 在回迁房分配时会采用现场摇号的方式: 分配权利人到现场, 现场大屏滚动利用计算机随机播放可选房号 (x 栋 x 单元 x 楼 x 号房), 由现场权利人按下红色按钮停止屏幕数字滚动, 最终屏幕显示房号则为摇号结果. 请同学们思考该摇号方式为真随机还是伪随机?

2. 我们采用投掷硬币的方式生成随机数列, 硬币正面朝上则为 1, 反面朝上则为 0, 一共投掷 50 次并记录结果; 再使用线性同余生成器算法生成 50 个随机数, 并且当随机数为奇数则记为 1, 为偶数则记为 0, 以此生成一组 0-1 随机数列; 利用均值与方差对比两组随机数列, 并说明两种生成随机数的优劣.

3. 图 2.1.1(b) 的图片是放错了吗? 还请同学亲自尝试提供的代码, 并研究为什么会产生这样的图像.

4. 利用中间值平方法, 是否有种子可以生成 20 个没有周期的两位数 $(n=2)$ 随机数列?

5. 分别采用逆变换法与转换法两种方法生成服从二项分布 Binomial$(100, 0.3)$ 的随机变量, 并做出直方图.

6. 在上题的直方图中绘制红色的 Binomial$(100, 0.3)$ 概率分布函数 (probability mass function) 曲线.

7. 利用逆变换法生成服从随机分布为 $f(x) = \begin{cases} \dfrac{1}{3}x^2, & x \in [0,3], \\ 0, & \text{其他} \end{cases}$ 的随机变量, 并画出其直方图与概率密度函数曲线进行对比. 利用生成的随机变量估计该分布的 1 到 3 阶矩. (注: $E\left(x^k\right)$ 为随机变量的 k 阶矩.)

8. 请对逆变换法以及二项式近似两种方法生成的泊松分布 Pois(3) 随机变量利用 qexp 函数画 QQ 图, 并判别其是否服从指数分布.

9. 分别产生两个独立的随机变量 $x_1 \sim N(0,1)$ 和 $x_2 \sim \chi^2(3)$, 并利用关系式 $t = \dfrac{x_1}{\sqrt{x_2/3}}$ 和转换法产生服从 t 分布的随机变量, 并作 QQ 图.

10. 已知 $x_1 \sim \chi^2(2)$ 并且 $x_2 \sim \chi^2(3)$, 请实验验证 $x_1 + x_2 \sim \chi^2(5)$ 是否成立, 并且作图对比 $x_1 + x_2$ 与 $z \sim 0.5\chi^2(2) + 0.5\chi^2(3)$.

11. 利用球体积公式 $V = \dfrac{4}{3}\pi R^3$ 估计圆周率 π.

第 3 章　统计算法

在本章中我们将学习包括蒙特卡罗积分、Jackknife、EM 算法在内的多种统计算法. 我们将从算法目的、理论推导、代码实现等方面进行学习. 其中我们会尽量将理论推导部分所涉及的统计知识与数学知识进行简化并介绍. 如果依然学习起来觉得有一定挑战, 大家可以将目光主要集中到 "为什么这样做" 的算法目的部分和 "该如何做" 的代码实现部分.

3.1　基本蒙特卡罗积分

蒙特卡罗积分的本质为利用随机抽样的方法进行定积分的数值计算. 对于函数 $g(x)$, 若我们希望计算其定积分 $\int_a^b g(x)\,\mathrm{d}x$, 通常有两种手段: ① 通过微积分知识, 利用微分方程的特殊技巧求解 $f(x)$ 的不定积分解析解 $\left(\text{函数表达式} \right.$ $G(x)+c = \int g(x)\,\mathrm{d}x\Big)$, 然后利用定积分的计算方法求解 $\left(\int_a^b g(x)\,\mathrm{d}x = G(b) - \right.$ $\left. G(a)\right)$; ② 利用高等数学中数值计算的知识, 对定积分进行数值求解. 而蒙特卡罗积分方法便属于常用数值解方法之一.

我们不妨假设被积函数 $g(x)$ 正好是一个以 $[a,b]$ 为定义域子集的概率密度函数. 那么 $\int_a^b g(x)\,\mathrm{d}x$ 便是服从 $g(x)$ 分布的随机变量属于 $[a,b]$ 集合的概率 $P(a \leqslant x \leqslant b) = \int_a^b g(x)\,\mathrm{d}x$. 要估计该积分值, 最为简单的方法便是利用第 2 章产生随机变量的方法产生 n 个服从 $g(x)$ 分布的随机变量, 进而估计概率 $P(a \leqslant x \leqslant b)$:

(1) 从随机分布概率密度函数 $g(x)$ 中产生 n 个独立随机变量;

(2) 记录随机变量中属于集合 $[a,b]$ 的个数 m;

(3) 得到积分的数值估计 $\int_a^b g(x)\,\mathrm{d}x = \dfrac{m}{n}$.

例 1 求解定积分 $\int_0^1 \cos(x)\,\mathrm{d}x$.

在此我们通过实验求解该定积分. 该积分中 $g(x)=\cos(x)$, 可将其看作定义域为 $\left[0,\dfrac{\pi}{2}\right]$ 的概率密度函数. 在此我们采用接受-拒绝法来产生 $g(x)$ 的随机变量, 进而求解定积分数值解:

(1) 在接受-拒绝法中, 令目标分布为 $f(x)=\cos(x)$, 辅助分布为 $\left[0,\dfrac{\pi}{2}\right]$ 上的均匀分布 $g(x)=\dfrac{2}{\pi}$, 固定常数 $c=\dfrac{f(x)}{g(x)}=\dfrac{\pi}{2}$;

(2) 生成 $\left[0,\dfrac{\pi}{2}\right]$ 上的均匀分布随机变量 y, 同时生成 0-1 均匀分布随机变量 u;

(3) 若 $u\leqslant\dfrac{f(y)}{cg(y)}=\cos(y)$, 则接受 $x=y$ 作为目标分布的随机变量;

(4) 利用 (1)—(3) 步产生 n 个服从 $f(x)=\cos(x)$ 的随机分布;

(5) 记录 $x\in[0,1]$ 的数量为 m, 则积分 $\int_0^1\cos(x)\,\mathrm{d}x$ 的数值解估值为 $\dfrac{m}{n}$.

```
result <- vector("numeric")
while (length(result)<10000) {
  y <- runif(1,0,pi/2)
  u <- runif(1)
  if(u<=cos(y)){
    result <- append(result, y)
  }
}
judge1 <- result<=1          #生成0,1布尔变量
judge2 <- result>=0
m <- sum(judge1*judge2)      #两组布尔变量相乘等价于做"且"运算
> sin(1)-sin(0)
[1] 0.841471
> m
[1] 8434
```

经过计算, 我们得到估计概率值为 $P\left(1\leqslant x\leqslant\dfrac{\pi}{2}\right)\approx 0.8434$. 我们可以计算

得到该积分的理论值 $\int_0^1 \cos(x)\,\mathrm{d}x = \sin(1) - \sin(0) \approx 0.8415$. 在上方代码中，大家可以尝试

```
m <- sum(result<=2&&result>=1)
```

若被积函数 $g(x)$ 不符合概率密度函数的两个要素:

(1) $g(x)$ 在定义域 $[a, b]$ 内恒为非负函数;

(2) $g(x)$ 在定义域上的积分 $\int_a^b g(x)\,\mathrm{d}x = 1$,

则以上方法便失效了. 对于这样的被积函数, 我们坚持考虑是否依然可以使用随机抽样的方法进行计算. 但是此时被积函数 $g(x)$ 已不是概率密度函数, 而是随机变量 x 的函数. 对于服从于分布 $f(x)$ 的随机变量 $\int_a^b g(x)f(x)\,\mathrm{d}x$ 的统计意义是求函数 $g(x)$ 在 $[a, b]$ 区域内的期望值. 如果 $\int_a^b g(x)f(x)\,\mathrm{d}x$ 是我们的目标积分值, 那么可以直接从随机分布 $f(x)$ 中产生随机变量, 然后计算随机变量的对应函数值, 进而计算其期望得到积分估计值 $E[g(x)] = \int_a^b g(x)f(x)\,\mathrm{d}x$.

例 2 计算积分 $\int_0^1 \mathrm{e}^x \cos(x)\,\mathrm{d}x$.

(1) 该积分式中我们可以认为 $g(x) = \mathrm{e}^x$, 同时 $f(x) = \cos(x)$ 为 $\left[0, \dfrac{\pi}{2}\right]$ 上的随机分布;

(2) 利用之前的接受–拒绝法产生来自 $f(x)$ 的随机变量;

(3) 筛选出 $x \in [0, 1]$ 的随机变量, 并计算 $g(x)$;

(4) 计算 $g(x)$ 的样本均值 $E[g(x)] = \dfrac{1}{n}\sum_{i=1}^{n} g(x_i)$, 以得到积分 $\int_0^1 \mathrm{e}^x \cos(x)\,\mathrm{d}x$ 的估计值.

```
result <- vector("numeric")
while (length(result)<10000) {
  y <- runif(1,0,pi/2)
  u <- runif(1)
  if(u<=cos(y)){
    result <- append(result, y)
  }
}
judge1 <- result<=1
```

```
x <- result[judge1]
gx <- exp(x)*cos(x)
mean(gx)
```

最终我们得到估计值 $\int_0^1 \mathrm{e}^x \cos(x)\,\mathrm{d}x \approx 1.3578$. 在 R 软件中我们也可以通过安装 mosaicCalc 包进行微积分的运算.

```
library(mosaicCalc)
g <- antiD(e^x*cos(x)~x)
g(1,e = exp(1))-g(0,e = exp(1))
```

其中我们使用 antiD 方程对函数进行积分. 但是注意 R 软件中 e 并不代表自然常数, 若需要调用自然常数, 则需要使用命令 exp(1). 因此在上面的命令中 R 会将 e 作为未知固定参数处理, 后续在进行求值的时候需要对常数 e 进行赋值 e = exp(1). 由此得到的数值解为 1.378.

若积分 $\int_a^b g(x)\,\mathrm{d}x$ 无法天然地分为 $\int_a^b g(x)\,f(x)\,\mathrm{d}x$, 我们可以通过构造 $[a,b]$ 上的均匀分布函数 $f(x) = \dfrac{1}{b-a}$ 来使用蒙特卡罗积分:

$$\int_a^b g(x)\,\mathrm{d}x = \int_a^b g(x)\,(b-a)\frac{1}{b-a}\mathrm{d}x = (b-a)\int_a^b g(x)\,\frac{1}{b-a}\mathrm{d}x$$

$$= (b-a)\int_a^b g(x)\,f(x)\,\mathrm{d}x.$$

例 3 计算积分 $\int_0^3 \cos(\mathrm{e}^x)\,\mathrm{d}x$.

(1) 首先构建 $\int_0^3 \cos(\mathrm{e}^x)\,\mathrm{d}x = 3\int_0^3 \cos(\mathrm{e}^x)\,\frac{1}{3}\mathrm{d}x$;

(2) 从 $[0,3]$ 上的均匀分布中产生随机变量 x, 并计算其对应变量值 $\cos(\mathrm{e}^x)$;

(3) 计算随机变量函数值的算术平均值 $E[\cos(\mathrm{e}^x)]$, 以此得到积分估计值 $3E[\cos(\mathrm{e}^x)]$.

```
x <- runif(10000,0,3)
gx <- cos(exp(x))
3*mean(gx)
```

通过以上蒙特卡罗方法估计得到 $\int_0^3 \cos(\mathrm{e}^x)\,\mathrm{d}x \approx -0.29144$. 同样采用 mosaicCalc 包中的数值算法进行计算得到 $\int_0^3 \cos(\mathrm{e}^x)\,\mathrm{d}x \approx -0.29141$.

```
library(mosaicCalc)
g <- antiD(cos(exp(x))~x)
g(3)-g(0)
```

至此对于任意函数 $g(x)$, 求有界区域内的定积分都可以采用构造均匀分布 $(b-a)\int_a^b g(x)f(x)\,\mathrm{d}x$ 的方式进行蒙特卡罗数值求解.

我们通过计算随机变量 x 的函数值 $g(x)$, 并求 $g(x)$ 的期望以获得积分值的估计. 我们知道样本均值是 $g(x)$ 的线性函数值, 而 $g(x)$ 又是随机变量 x 的函数值, 由此可知得到的估值 $(b-a)\,E[g(x)]$ 也是一个随机变量 x 的函数值, 因此蒙特卡罗积分值也是一个随机变量. 由此考虑到统计学中的两个概念: ① 置信区间; ② 假设检验. 我们希望能够计算出蒙特卡罗方法得到的估计值的 95% 置信区间, 并且通过置信区间进行统计假设检验.

3.2 蒙特卡罗方法的方差

首先我们认识到了蒙特卡罗估计值其实是个随机变量, 那么自然地就能够使用样本方差对蒙特卡罗值的方差进行估计. 若 $\theta_i = (b-a)\,E[g(x_i)]$ 为第 i 次获得的蒙特卡罗估值, 其中 $i = 1, 2, \cdots, n$, 则我们可以采用 $\bar\theta = \dfrac{1}{n}\sum_{i=1}^n \theta_i$ 作为蒙特卡罗估值的样本均值, 利用样本方差公式 (无修正的) 可得到蒙特卡罗估值的方差估计值 $\hat\sigma^2 = \dfrac{1}{n}\sum_{i=1}^n [\theta_i - \bar\theta]^2$. 例如上节例子中估计的 $\int_0^3 \cos(e^x)\,\mathrm{d}x$, 我们利用样本方差估计该蒙特卡罗估值的方差:

(1) 利用之前的算法获得 $\int_0^3 \cos(e^x)\,\mathrm{d}x$ 的 n 个估值 θ_i;

(2) 计算 θ_i 的样本方差.

```
theta <- vector("numeric")
while (length(theta)<10000) {
  x <- runif(10000,0,3)
  gx <- cos(exp(x))
  theta <- append(theta,3*mean(gx))
}
var(theta)
```

通过计算得到该估值的方差 $\mathrm{Var}(\hat\theta) \approx 0.00038$. 根据中心极限定理: 当 n 趋

向于 $+\infty$ 时, $\dfrac{\hat{\theta}-\theta}{\sqrt{\mathrm{Var}\,(\theta)}} \sim N\,(0,1)$, 并且利用之前的方差估计值, 我们可以构造积分真值的 95% 置信区间:

$$\left[\hat{\theta}-1.96\times\hat{\sigma}, \hat{\theta}+1.96\times\hat{\sigma}\right]$$

$$= [-0.2910771-0.03842798, -0.2910771+0.03842798].$$

我们之前计算出的积分真值为 -0.2914111, 显然在上面的 95% 置信区间内.

在统计学中, 我们希望在相同的置信度下 (如 95%), 置信区间的宽度越小越好, 因此进而我们希望一个估计量的方差越小越好. 自然地我们采用估计量 (estimator) 的方差的倒数作为该估值的有效值 $\mathrm{Efficiency} = \dfrac{1}{\mathrm{Var}(\hat{\theta})}$.

那在蒙特卡罗积分中如何减小估值的方差? 自然地我们想到当计算样本均值时, 提高样本量可有效提高估值精度. 在我们将样本量从 1000 提升到 10000 的过程中, 可将方差的变化用图像画出来 (图 3.2.1):

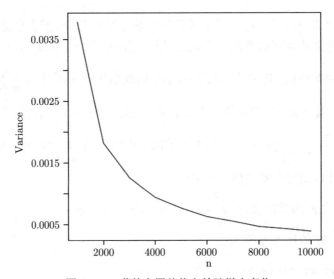

图 3.2.1 蒙特卡罗估值方差随样本变化

```
n <- seq(1000,10000,1000)
result <- vector("numeric")
for (i in n) {
  theta <- vector("numeric")
  while (length(theta)<10000) {
    x <- runif(i,0,3)
```

```
    gx <- cos(exp(x))
    theta <- append(theta,3*mean(gx))
  }
  result <- append(result,var(theta))
}
plot(n, result, type = "l",ylab = "Variance")
```

在图 3.2.1 中, 我们可看到该变化似乎符合一个反比例函数. 理论也正好符合该猜想: 由之前的样本方差公式可得

$$\mathrm{Var}(\hat{\theta}) = \mathrm{Var}\left\{(b-a)\,E\left[g\left(x\right)\right]\right\} = \mathrm{Var}\left[\frac{b-a}{n}\sum_{i=1}^{n}g\left(x_i\right)\right]$$

$$= \left(\frac{b-a}{n}\right)^2\sum_{i=1}^{n}\mathrm{Var}\left[g\left(x_i\right)\right],$$

由于 $g\left(x_i\right)$ 为独立同分布的随机变量, 因此 $\mathrm{Var}(\hat{\theta}) = \dfrac{(b-a)^2}{n}\mathrm{Var}\left[g\left(x\right)\right]$. 而当我们改变样本量时, 该方差便可看作一个关于样本量 n 的反比例函数

$$h\left(n\right) = \frac{(b-a)^2\mathrm{Var}\left[g\left(x\right)\right]}{n}.$$

在概率论中我们学习过: 若 x_1 与 x_2 为独立同分布且方差为 σ^2 的随机变量, 则其线性组合 $x = cx_1 + (1-c)\,x_2$, 其中 $c \in (0,1)$ 的方差为 $\left(2c^2 - 2c + 1\right)\sigma^2 < \sigma^2$. 是否可以利用该性质来减小蒙特卡罗积分的方差, 进而提高其效率? 答案是不可以, 也可以. 假设在样本量 n 不变的情况下, 我们将样本平均分为两部分 n_1 和 $n_2 = n - n_1$, 并简单利用 $\hat{\theta} = \dfrac{n_1}{n}\hat{\theta}_1 + \dfrac{n_2}{n}\hat{\theta}_2$ 计算得到积分估值 $\hat{\theta}$ 时, 根据之前的方差估计式可得

$$\mathrm{Var}(\hat{\theta}) = \frac{n_1^2}{n^2}\mathrm{Var}(\hat{\theta}_1) + \frac{n_2^2}{n^2}\mathrm{Var}(\hat{\theta}_2)$$

$$= \frac{n_1^2}{n^2}\frac{(b-a)^2}{n_1}\mathrm{Var}\left[g\left(x\right)\right] + \frac{n_2^2}{n^2}\frac{(b-a)^2}{n_1}\mathrm{Var}\left[g\left(x\right)\right].$$

可见只是将独立随机样本简单划分为两部分并不会改变估值的方差, 因此该方法并不可以降低估值方差.

但如果 $\hat{\theta}_1$ 与 $\hat{\theta}_2$ 并不独立, 则有

$$\mathrm{Var}(\hat{\theta}) = \frac{n_1^2}{n^2}\mathrm{Var}(\hat{\theta}_1) + \frac{n_2^2}{n^2}\mathrm{Var}(\hat{\theta}_2) + \frac{2n_1 n_2}{n^2}\mathrm{Cov}(\hat{\theta}_1,\hat{\theta}_2),$$

其中等号右侧的前两项组成了最初的估值方差, 而第三项中的 $\mathrm{Cov}(\hat{\theta}_1, \hat{\theta}_2)$ 若为负值, 则新方法将减小估值方差, 显然当且仅当 $\mathrm{Cov}(\hat{\theta}_1, \hat{\theta}_2) = -1$ 时所得方差最小.

当 $\hat{\theta}_1$ 与 $\hat{\theta}_2$ 完全负相关时, 我们改写 $\hat{\theta} = \dfrac{n_1}{n}\hat{\theta}_1 + \dfrac{n - n_1}{n}\hat{\theta}_2 = \dfrac{1}{n}\hat{\theta}_2 + \dfrac{n_1}{n}(\hat{\theta}_1 - \hat{\theta}_2)$, 进而得到

$$\begin{aligned}
\mathrm{Var}(\hat{\theta}) &= \frac{n^2}{n^2}\mathrm{Var}(\hat{\theta}_2) + \frac{n_1^2}{n^2}\mathrm{Var}(\hat{\theta}_1 - \hat{\theta}_2) + \frac{2n_1}{n}\mathrm{Cov}(\hat{\theta}_1 - \hat{\theta}_2, \hat{\theta}_2) \\
&= \frac{4n_1^2}{n^2}\mathrm{Var}(\hat{\theta}_1) - \frac{4n_1}{n}\mathrm{Var}(\hat{\theta}_1) + \frac{n^2}{n^2}\mathrm{Var}(\hat{\theta}_1) \\
&= \frac{4n_1^2 - 4n_1 n + n^2}{n^2}\mathrm{Var}(\hat{\theta}_1),
\end{aligned}$$

其中 $\mathrm{Var}(\hat{\theta}_1 - \hat{\theta}_2) = \mathrm{Var}(\hat{\theta}_1) + \mathrm{Var}(\hat{\theta}_2) + 2\mathrm{Cov}(\hat{\theta}_1, -\hat{\theta}_2) = 4\mathrm{Var}(\hat{\theta}_1)$, 以此得到第二行的第一部分, 同时 $\mathrm{Cov}(\hat{\theta}_1 - \hat{\theta}_2, \hat{\theta}_2) = \mathrm{Cov}(\hat{\theta}_1, \hat{\theta}_2) + \mathrm{Cov}(-\hat{\theta}_2, \hat{\theta}_2) = -2\mathrm{Var}(\theta_1)$, 可得到第二行的第二部分, $\mathrm{Var}(\hat{\theta}_1) = \mathrm{Var}(\hat{\theta}_2)$ 可得到第二行的第三部分. 将第三行的系数上下同时除以 n^2 可得: $4\left(\dfrac{n_1}{n}\right)^2 - 4\left(\dfrac{n_1}{n}\right) + 1$ 当且仅当 $\dfrac{n_1}{n} = \dfrac{1}{2}$ 时取最小值 $\mathrm{Var}(\hat{\theta}) = 0$, 因此当将样本 n 等量拆分并且产生完全负相关的估值 $\hat{\theta}_1$ 与 $\hat{\theta}_2$ 时, 得到的估值 $\hat{\theta} = 0.5\hat{\theta}_1 + 0.5\hat{\theta}_2$ 理论方差将最小.

3.3　相反数蒙特卡罗积分

由 3.2 节得到的结论, 我们希望能产生负相关的蒙特卡罗积分估值 $\hat{\theta}_1$ 与 $\hat{\theta}_2$, 以此得到理论方差最小的估值 $\hat{\theta} = 0.5\hat{\theta}_1 + 0.5\hat{\theta}_2$. 估值 $\hat{\theta}_i = \dfrac{1}{n/2}\displaystyle\sum_{j=1}^{n/2} g(x_{ij})$, 其中 $i = 1, 2$, 若随机变量 x_{1j} 与 x_{2j} 负相关, 则产生的估值 $\hat{\theta}_1$ 与 $\hat{\theta}_2$ 也为负相关随机变量. 以此想到在采用逆变换法得到服从 $f(x)$ 分布的随机变量时, 若使 $x_{1j} = F_x^{-1}(u_j)$ 同时 $x_{2j} = F_x^{-1}(1 - u_j)$, 则可证明 x_{1j} 与 x_{2j} 负相关. 在此我们采用实验的方法对该结论进行验证.

(1) 采用逆变换法得到随机变量 $x_{1j} = F_x^{-1}(u_j)$, 同时 $x_{2j} = F_x^{-1}(1 - u_j)$, 其中 $F_x(k) = \mathrm{e}^k, k \in (-\infty, 0]$, 则 $F_x^{-1}(u) = \ln(u)$;

(2) 利用 R 中的函数 cor 求 x_{1j} 与 x_{2j} 的相关系数估值;

```
u <- runif(100000)
x1 <- log(u)
x2 <- log(1-u)
cor(x1,x2)
```

(3) 根据公式 $\hat{\theta}_i = \dfrac{1}{n/2} \displaystyle\sum_{j=1}^{n/2} g\left(x_{ij}\right)$ 重复 (1)—(2) 步骤获得 1000 个估值 $\hat{\theta}_1$ 与

$\hat{\theta}_2$，其中 $g\left(x_{ij}\right) = x_{ij}^2$；

(4) 计算 $\hat{\theta}_1$ 与 $\hat{\theta}_2$ 间的相关系数并得到 1000 个估值 $\hat{\theta}_{\text{negCor}} = 0.5\hat{\theta}_1 + 0.5\hat{\theta}_2$，计算其方差；

(5) 在不分组的情况下，用相同方法直接获得 1000 个估值

$$\hat{\theta}_{\text{regular}} = \frac{1}{n} \sum_{j=1}^{n/2} g\left(x_j\right),$$

并计算方差.

```
theta1 <- vector("numeric")
theta2 <- vector("numeric")
theta <- vector("numeric")
for (i in 1:10000) {
  u <- runif(100000)
  x1 <- log(u)
  x2 <- log(1-u)
  g1 <- x1^2
  g2 <- x2^2
  theta1 <- append(theta1,mean(g1))
  theta2 <- append(theta2,mean(g2))
  theta <- append(theta,0.5*mean(g1) + 0.5*mean(g2))
}
> cor(theta1,theta2)
[1] -0.1948889
> var(theta)
[1] 8.006843e-05

theta <- vector("numeric")
for (i in 1:10000) {
  u <- runif(200000)
  x1 <- log(u)
  gx <- x1^2
  theta <- append(theta,mean(gx))
}
> var(theta)
[1] 9.909313e-05
```

我们可以看到 $\hat{\theta}_1$ 与 $\hat{\theta}_2$ 间的相关系数为 -0.19, 并且 $\hat{\theta}_{\text{negCor}}$ 方差为 8.0×10^{-5}, 而通过基本蒙特卡罗方法得到的估值方差为 9.9×10^{-5}.

如果要使用相反数蒙特卡罗, 产生负相关的估计值 $\hat{\theta}_1$ 与 $\hat{\theta}_2$ 将会很有挑战性. 上面的例子中我们采用逆变换的方式产生了具有一定负相关性的两个估值. 但如果需要使用接受-拒绝法才能产生的随机变量, 则无法使用上面介绍的步骤. 那是否有一种方法可以降低相反数蒙特卡罗积分的要求呢?

3.4　蒙特卡罗控制变量法

在相反数蒙特卡罗积分中, 我们需要生成负相关的估计值 $\hat{\theta}_1$ 与 $\hat{\theta}_2$, 在蒙特卡罗控制变量法中只需要寻找与估值 $\hat{\theta}=E[g(x)]$ 有强相关性的随机变量函数 $f(x)$, $\text{Cov}[g(x),f(x)]\neq0$, 并且其期望值 $\gamma=E[f(x)]$ 已知. 通过构造估值 $\hat{\theta}_c=E[g(x)+c(f(x)-\gamma)]$, 其中 c 为任意常数, 由于 $E[f(x)-\gamma]=E[f(x)]-\gamma=0$, 我们可轻易证明 $\hat{\theta}_c=E[g(x)]=\hat{\theta}$.

在此我们计算估值 $\hat{\theta}_c$ 的方差并与 $\text{Var}(\hat{\theta})$ 进行对比:

$$\text{Var}(\hat{\theta}_c)=c^2\text{Var}[f(x)]+2c\text{Cov}[g(x),f(x)]+\text{Var}[g(x)]$$

可以看作关于常数 c 开口向上的二次函数, 当 $c^*=\dfrac{-\text{Cov}[g(x),f(x)]}{\text{Var}[f(x)]}$ 时, $\hat{\theta}_c$ 的方差取最小值 $\text{Var}(\hat{\theta}_c)=\text{Var}[g(x)]-\dfrac{\text{Cov}[g(x),f(x)]^2}{\text{Var}[f(x)]}$. 可见 $\hat{\theta}_c$ 的有效性高于基本蒙特卡罗方法估值. 其中随机变量函数 $f(x)$ 则称为蒙特卡罗估值 $\hat{\theta}=E[g(x)]$ 的控制变量 (control variate).

在使用该方法时, 我们需要知道 c^* 的取值. 我们可以使用理论推导得到 c^* 的理论取值, 也可以使用随机实验的方式计算 c^* 的估值.

通过计算积分 $\displaystyle\int_0^1 e^x dx$ 的估值, 我们对控制变量法进行演示:

(1) 设 $f(x)=x, g(x)=e^x$, 并且 $\hat{\theta}_c=E[g(x)+c(f(x)-\gamma)]$;

(2) 生成 n 个 0-1 均匀分布随机变量 x, 并计算对应随机函数值 $f(x)$ 和 $g(x)$;

(3) 计算 $f(x)$ 与 $g(x)$ 的协方差 $\text{Cov}[g(x),f(x)]$ 与方差 $\text{Var}[f(x)]$, 并得到固定常量 $c^*=\dfrac{-\text{Cov}[g(x),f(x)]}{\text{Var}[f(x)]}$ 的估计值;

(4) 计算每个随机变量 x 的对应估值 $g(x)+c(f(x)-\gamma)$, 其中 $\gamma=\dfrac{1}{2}$, 并计算其样本均值得到估值 $\hat{\theta}_c$;

(5) 重复以上 (2)—(4) 步骤 m 次得到 m 个估值 $\hat{\theta}_c$, 计算 $\hat{\theta}_c$ 的样本方差得到 $\text{Var}(\hat{\theta}_c)$ 的估值.

```
theta.c.vec <- vector("numeric")
theta.vec <- vector("numeric")
c.vec <- vector("numeric")
for (i in 1:1000) {
  x <- runif(10000)
  fx <- x
  gx <- exp(x)
  c <- -cov(gx,fx)/var(fx)
  gamma <- 1/2
  theta.c <- gx + c*(fx-gamma)
  theta <- gx
  theta.c.vec <- append(theta.c.vec, mean(theta.c))
  theta.vec <- append(theta.vec,mean(theta))
  c.vec <- append(c.vec,c)
}
> mean(c.vec)
[1] -1.690326
> var(theta.vec)
[1] 2.510265e-05
> var(theta.c.vec)
[1] 3.800236e-07
> mean(c.vec)
[1] -1.690326
```

从上面的运算结果中, 我们看到普通蒙特卡罗积分得到的估值方差为 $\text{Var}(\hat{\theta})$ ≈ 0.2510(由于 $S = \text{Var}(\hat{\theta})/10000$), 而控制变量法得到的估值方差为 $\text{Var}(\hat{\theta}_c) \approx 0.0038$, 因而使用控制变量 $f(x)$ 确实显著地降低了估值的波动性. 同时以上算法还得到固定参数的估值 $\hat{c} \approx -1.690$.

我们从理论上对该实验进行解释:

- 随机变量 x 服从 0-1 均匀分布, 因此其均值与方差为

$$E(x) = E[f(x)] = \frac{1}{2}, \quad \text{Var}(x) = \text{Var}[f(x)] = \frac{1}{12};$$

- 普通蒙特卡罗积分的方差理论值为

$$\text{Var}(e^x) = \int_0^1 e^{2x}dx - \left(\int_0^1 e^x dx\right)^2 = \frac{e^2-1}{2} - (e-1)^2 \approx 0.2420;$$

- 目标函数 $g(x)$ 与控制变量 $f(x)$ 间的协方差为

$$\mathrm{Cov}\,(\mathrm{e}^x, x) = E\left\{[\mathrm{e}^x - (\mathrm{e}-1)]\left[x - \frac{1}{2}\right]\right\} = \int_0^1 [\mathrm{e}^x - (\mathrm{e}-1)]\left[x - \frac{1}{2}\right]\mathrm{d}x$$

$$= 1 - \frac{\mathrm{e}-1}{2} \approx 0.1409;$$

- 计算得到常量 $c^* = \dfrac{-\mathrm{Cov}\,[g(x), f(x)]}{\mathrm{Var}\,[f(x)]} \approx -1.6903;$
- 使用控制变量法得到的估值方差理论值为

$$\mathrm{Var}(\hat{\theta}_c) = \mathrm{Var}\,[g(x)] - \frac{\mathrm{Cov}[g(x), f(x)]^2}{\mathrm{Var}\,[f(x)]} \approx 0.0039.$$

从以上的理论结果与实验结果对比中, 我们可以发现理论计算得到的常量 c^* 与实验估计得到的值几乎相等, 因此再次降低了该方法的使用门槛. 但是大家可以尝试若控制变量 $f(x)$ 的均值也在算法中利用样本均值进行估计 $\hat{\gamma} = \dfrac{1}{n}\sum f(x)$ 会发生什么情况.

3.5 蒙特卡罗重点抽样法

蒙特卡罗积分的基本思路是通过随机分布抽样将积分问题转换为估计随机函数期望问题. 在普通蒙特卡罗方法中, 对于 $\displaystyle\int_a^b g(x)\,\mathrm{d}x$ 的积分问题, 我们采用了 $\mathrm{Uniform}(a, b)$ 的均匀分布随机变量进行抽样 $(b-a)\displaystyle\int_a^b g(x)\dfrac{1}{b-a}\mathrm{d}x$. 我们希望能够通过抽样将函数的图像描绘出来, 抽样得到的经验概率密度分布应该与 $g(x)$ 接近. 但在某些特殊问题中, 若函数 $g(x)$ 在某段空间内的函数变化较为突然和复杂, 而我们采用的是均匀采样, 则有一定可能在该区域中采样得到的经验概率密度函数与 $g(x)$ 相差较远.

例如我们希望利用蒙特卡罗积分方法估计 $\displaystyle\int_0^2 \sin\left(\dfrac{1}{x^2 - 4x + 2}\right)\mathrm{d}x$, 使用之前的普通蒙特卡罗方法我们将构造 $(2-0)\displaystyle\int_0^2 \sin\left(\dfrac{1}{x^2 - 4x + 2}\right)\mathrm{d}x$, 并从 $\mathrm{Uniform}(0, 2)$ 中产生随机变量 x, 计算其对应函数值 $\sin\left(\dfrac{1}{x^2 - 4x + 2}\right)$, 然后计算均值并得到积分估值 $\hat{\theta} = 2E\left[\sin\left(\dfrac{1}{x^2 - 4x + 2}\right)\right]$.

```
x <- seq(0,2,0.00001)
y <- sin(1/(x*(x-4)+2))
plot(x,y,type = "l")                #绘制目标函数图像

library(mosaicCalc)                 #试图使用mosaicCalc包进行数值求解报错
g <- antiD(sin(1/(x*(x-4)+2))~x)
g(2)-g(0)               #报错maximum number of subdivisions reached

theta <- vector("numeric")
for (i in 1:100000) {               #利用蒙特卡罗方法抽样进行估值
  x <- runif(100,0,2)
  gx <- sin(1/(x*(x-4)+2))
  theta <- append(theta, mean(gx))
}
> mean(theta)
[1] -0.4817197                      #在此抽样下得到估值
> var(theta)
[1] 0.01665618

u <- runif(100,0,2)                 #尝试若只进行100次随机抽样的结果
gx <- sin(1/(u*(u-4)+2))

hist(gx, probability = T, ylim =c(0,2))
                               #做出100次抽样的经验随机概率密度直方图
#y.hist <- hist(y,probability = T)
                               #只需要执行一次产生经验概率密度函数
lines(y.hist$mids, y.hist$density)        #绘制随机概率密度曲线理论

gx <- gx*2
> mean(gx)
[1] -0.7197469
> var(gx)
[1] 1.134814
```

在上面的实验结果中我们可以看到如果在 0 到 2 区间上只随机选取 100 个点, 那么得到的估值为 -0.7197, 且估值 $\hat{\theta}$ 的方差估计值为 1.135, 而采用 mosaic-Calc 包中函数进行的精确数值计算已经无法得到结果, 增大蒙特卡罗方法中的取点密度到 10^7 得到的结果为 -0.4817. 当然我们可以理解两者的差距为估值的随机波动 (根据估值 $\hat{\theta}$ 的置信区间来看确实是随机波动, 若持续增加取点最终估值会更加接近精确值), 但我们该如何在不增加随机样本量的情况下减小估值的方差

呢? 首先我们可以看到 (图 3.5.1) 函数在 1 到 2 之间的变化小于其他部分, 因此若 100 个点均匀分布在 0 到 2 上, 则 $[0,1]$ 上的点密度不够会导致采样出来的随机变量经验概率密度函数与理论真实值相差较大 (图 3.5.2). 在理解了问题的关键后, 如果我们可以在函数 $g(x)$ 变化较为复杂的部分分配更多的抽样点, 而在函数变化较为简单的部分适当减少抽样点, 则可以改善估值的方差.

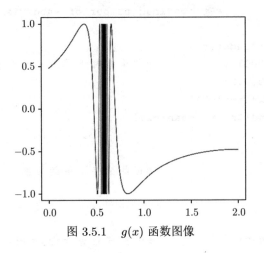

图 3.5.1　　$g(x)$ 函数图像

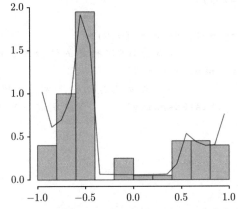

图 3.5.2　　蒙特卡罗抽样频率直方图与理论分布曲线

我们回顾普通蒙特卡罗积分的基本思路, 若求解函数积分 $\theta = \displaystyle\int_a^b g(x) f(x) \, \mathrm{d}x$ 且恰好 $f(x)$ 是某随机分布的概率密度函数, 则从分布 $f(x)$ 中产生随机变量 x 进而计算对应函数值 $g(x)$, 并计算随机变量函数值的样本均值作为积分值的估计值 $\hat{\theta} = E[g(x)]$. 因此若概率密度函数 $f(x)$ 可符合我们要求, 在函数 $g(x)$ 变化较为复杂的部分其概率密度也对应较大, 则根据分布 $f(x)$ 获得的随机变量 x 将大部

分分布在函数 $g(x)$ 较为复杂的部分.

很难遇到巧合: 被积函数恰巧可以分解出概率密度函数并且还符合要求. 因此我们先寻找一个符合要求的概率密度分布 $f(x)$, 进而构造 $\theta = \int_a^b \dfrac{g(x)}{f(x)} f(x)\,\mathrm{d}x$, 我们采用从分布 $f(x)$ 中进行抽样产生随机变量 x, 然后计算对应函数值 $\dfrac{g(x)}{f(x)}$, 并计算其样本均值得到积分的估计值 $\hat{\theta} = E\left[\dfrac{g(x)}{f(x)}\right]$. 该方法称为重点抽样法.

如在上面的例子中, 我们希望将大部分的点集中到 0.5 周围, 因此简单地我们可以选取均值为 0.5 的单峰分布. 令分布 $f(x) = -0.3x^2 + 0.3x + 0.6$, 该分布由以下几个部分组成:

- 为了构造在 0.5 附近概率最大, 采用了开口向下的抛物线 $f(x) = -ax^2 + bx + c(a > 0)$;

- 在 0.5 附近概率最大, 因此对称轴为 $\dfrac{-b}{2a} = \dfrac{1}{2}$, 则 $-a = b$;

- 为了使 $f(x)$ 在 0 到 2 积分为 1, 即 $\int_0^2 f(x)\,\mathrm{d}x = 1$, 可得 $-\dfrac{2}{3}a + 2c = 1$;

- 分布概率密度函数需要满足在定义域内大于等于零, 即 $f(x) \geqslant 0$, 最终得到一组解 $a = b = 0.3, c = 0.6$.

可以采用接受-拒绝法生成 $f(x)$ 分布的随机变量.

```
theta.vec <- vector("numeric")
while (length(theta.vec)<1000) {
  x <- vector("numeric")
  while(length(x)<1000){              #采用接受-拒绝法生成f(x)分布随机变量
    x.temp <- runif(1,0,2)
    u <- runif(1)
    c <- 2.7/2
    fx <- -0.3 * x.temp^2 +0.3*x.temp +0.6
    gx <- 0.5
    if(u <= fx/(c*gx)){
      x <- append(x, x.temp)
    }
  }
  gx <- sin(1/(x^2-4*x+2))
  fx <- -0.3 * x^2 +0.3*x +0.6
  theta <- mean(gx / fx)
  theta.vec <- append(theta.vec, theta)
}
```

```
> mean(theta.vec)
[1] -0.4779175
> var(theta.vec)
[1] 0.00290206
```

通过上面的重点采样, 我们可以看到估值 $\hat{\theta}$ 的方差变为 2.902. 在此验证了我们的理论, 若提高函数复杂部分的抽样可有效降低估值方差. 那采用不同的概率分布对估值的方差是否有显著影响呢?

这里我们采用不同的分布 $f(x)$ 对积分 $\int_0^1 \dfrac{\mathrm{e}^{-x}}{(1+x)^2} \mathrm{d}x$ 进行估计, 这里被积函数 $g(x) = \dfrac{\mathrm{e}^{-x}}{(1+x)^2}$. 我们采用 5 个不同的随机分布进行实验:

(1) $f_1(x) = 1, 0 < x < 1$;

(2) $f_2(x) = \mathrm{e}^{-x}, 0 < x < +\infty$;

(3) $f_3(x) = \dfrac{1}{\pi(1+x^2)}, -\infty < x < +\infty$;

(4) $f_4(x) = \dfrac{\mathrm{e}^{-x}}{1-\mathrm{e}^{-1}}, 0 < x < 1$;

(5) $f_5(x) = \dfrac{4}{\pi(1+x^2)}, 0 < x < 1$.

分布 $f_1(x)$ 显然是 0-1 均匀分布, $f_2(x)$ 是指数分布 $\mathrm{Exp}(1)$, $f_3(x)$ 是柯西分布, $f_4(x)$ 不是常见分布, 可以使用逆变换法 $F_4^{-1}(u) = \ln\left(1 - u\left(1 - \mathrm{e}^{-1}\right)\right)$, $f_5(x)$ 同样可以采用逆变换法 $F_5^{-1}(u) = \tan\left(\dfrac{\pi u}{4}\right)$ 生成符合 $f_5(x)$ 的随机变量.

```
x <- matrix(seq(0,1,0.001),1001,1)
y <- exp(-x) / (1+x)^2
plot(x,y,ylim = c(0,2),type = "l", lty=1)
fx1 <- function(x){
  return(1)
}
lines(x,apply(x,1,fx1),col=2, lty=2)

fx2 <- function(x){
  return(exp(-x))
}
lines(x,apply(x,1,fx2),col=3, lty=3)

fx3 <- function(x){
  result <- 1/(pi*(1+x^2))
```

```
  return(result)
}
lines(x,apply(x,1,fx3),col=4,lty=4)

fx4 <- function(x){
  result <- exp(-x)/(1-exp(-1))
  return(result)
}
lines(x,apply(x,1,fx4),col=5,lty=5)

fx5 <- function(x){
  result <- 4 / (pi*(1+x^2))
  return(result)
}
lines(x,apply(x,1,fx5),col=6,lty=6)
legend("topright",legend = c("gx", "fx1","fx2","fx3","fx4","fx5"),
    col = c(1:6), lty=c(1:6))
```

在函数图像 (图 3.5.3) 中我们可以看到不同的构造分布 $f(x)$ 与被积函数的相似度是有区别的. 而根据实验结果, 我们可以看到采用不同的构造分布最终得到的重点采样法估值都为无偏估计, 其中 $f_4(x)$ 得到的估值方差最小, 为 $\mathrm{Var}(\hat{\theta}) \approx 0.1349$, 并且在图像中我们也看到 $f_4(x)$ 与被积函数 $g(x)$ 的相似度最高.

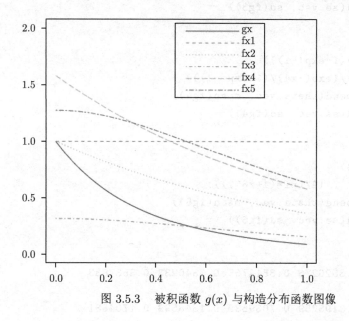

图 3.5.3　被积函数 $g(x)$ 与构造分布函数图像

```
n <- 10000
theta.vec <- vector("numeric")
se.vec <- vector("numeric")
g.fun <- function(x){
  exp(-x)/(1+x)^2 * (x>0) * (x<1)
}

x1 <- runif(n)
fg1 <- g.fun(x1)
theta.vec <- append(theta.vec, mean(fg1))
se.vec <- append(se.vec, sd(fg1))

x2 <- rexp(n,1)
fg2 <- g.fun(x2)/exp(-x2)
theta.vec <- append(theta.vec, mean(fg2))
se.vec <- append(se.vec, sd(fg2))

x3 <- rcauchy(n)
i <- c(which(x3>1), which(x3<0))
x3[i] <- 2
fg3 <- g.fun(x3)/dcauchy(x3)
theta.vec <- append(theta.vec, mean(fg3))
se.vec <- append(se.vec, sd(fg3))

u <- runif(n)
x4 <-  -log(1-u*(1-exp(-1)))
fg4 <- g.fun(x4)/(exp(-x4)/(1-exp(-1)))
theta.vec <- append(theta.vec, mean(fg4))
se.vec <- append(se.vec, sd(fg4))

u <- runif(n)
x5 <- tan(pi*u/4)
fg5 <- g.fun(x5) / (4/(pi*(1+x5^2)))
theta.vec <- append(theta.vec, mean(fg5))
se.vec <- append(se.vec, sd(fg5))

> theta.vec
[1] 0.3524795 0.3526276 0.3514765 0.3540233 0.3537833
> se.vec
[1] 0.2413844 0.3195259 0.7039539 0.1348599 0.1704581
```

接下来我们研究不同构造分布函数 $f(x)$ 与估值方差的关系. 假设采用蒙特卡罗重点采样法对积分 $\int_A g(x)\,\mathrm{d}x$ 进行估计时采用的分布函数为 $f(x)$, 则我们构造的积分为 $\int_A \dfrac{g(x)}{f(x)} f(x)\,\mathrm{d}x$. 从分布 $f(x)$ 中进行抽样得到随机变量 x, 并计算 $\hat{\theta} = \dfrac{1}{n} \sum_{i=1}^{n} \dfrac{g(x)}{f(x)}$ 得到积分估值. 在此我们计算估值 $\hat{\theta}$ 的方差: $\mathrm{Var}(\hat{\theta}) = E(\hat{\theta}^2) - [E(\hat{\theta})]^2$, 其中积分估值的期望便是积分真值 $E(\hat{\theta}) = \theta$. 因此方差大小由

$$E(\hat{\theta}^2) = \int_A \frac{g^2(x)}{f^2(x)} f(x)\,\mathrm{d}x = \int_A \frac{g^2(x)}{f(x)}\,\mathrm{d}x$$ 决定, 其中当 $f(x) = \dfrac{|g(x)|}{\displaystyle\int_A |g(x)|\,\mathrm{d}x}$ 时

获得方差最小值 (若有 $g(x) > 0, x \in A$, 则最小值为 1). 但是由于最佳分布函数分母需要计算积分值 $\int_A g(x)\,\mathrm{d}x$, 因此我们理论上无法得到最佳构造分布 $f(x)$. 但我们可以认为分母 $\int_A g(x)\,\mathrm{d}x$ 为固定常数, 那么次佳分布则是函数图像接近 $|g(x)|$ 的分布函数. 至此我们从理论上证明了为何上面例子中的 $f_4(x)$ 比其他构造分布得到的估值方差更小. 还有更多的方法可以减小蒙特卡罗积分估值的方差, 在此就不再一一介绍了.

3.6 Bootstrap 方法

在统计建模的实际操作中, 同学们往往忽略了一个至关重要的假设: 分布假设. 在统计建模当中, 我们常常使用 "假设随机变量 x 服从正态分布", 而之后又采用假设检验的方法确定该假设是否会在某显著性下被拒绝. 而 Bootstrap 方法则利用有限的样本采用非参数的方式对样本的分布概率累积函数进行估计. 在实际操作中, 将数据中的样本当作有限的样本空间, Bootstrap 方法从该样本空间中进行再抽样 (resampling) 并估计抽样的分布. 其基本思路为: 利用有限样本作为样本空间, 其分布作为伪总体分布, 则再抽样后得到的估值可作为总体分布下估值的估计值.

我们实验时可以直接使用 R 中的 sample 语句进行再抽样, 虽然这样看起来很鲁莽, 但是其底层逻辑却和经验概率分布函数是一致的. 在样本 $X = (x_1, x_2, \cdots, x_n)'$ 中根据经验概率分布函数理论, 我们将数据进行升序排列得到 $X^* = (x_{(1)}, x_{(2)}, \cdots, x_{(n)})'$, 并且得到经验概率累积函数: $F_{\mathrm{emp}}(k) = \dfrac{i}{n}, x_{(i-1)} < k \leqslant x_{(i)}$. 在此我们通过标准正态分布随机变量来探究经验概率累积函数关于样本量的变化规律.

```
x2 <- rnorm(10)
x3 <- rnorm(100)

x <- seq(-3,3,0.1)
y <- pnorm(x)
plot(x,y,type = "p", pch=1)
#y1 <- ecdf(x1)                    #利用ecdf函数生成经验概率累积函数
#lines(y1,col=2)
y2 <- ecdf(x2)
lines(y2,pch=2)
y3 <- ecdf(x3)
lines(y3,pch=3)

x4 <- sample(x3,10)               #利用sample函数进行Bootstrap抽样
y4 <- ecdf(x4)
lines(y4, pch=4)

legend("topleft", legend = c("theoretical","Bootstrap","n=10","n
    =100"),pch=c(1:4))
```

再根据 Bootstrap 的思想对产生的随机变量 x_2 进行再抽样, 并画出对应的经验概率累积函数. 在图 3.6.1 中我们可以看到当样本量增大时, 经验概率累积函数将逼近理论概率累积函数. 同时利用 Bootstrap 方法得到的再抽样样本也同样符合原随机变量所服从的概率分布. 在此我们除了可以直接使用 R 软件中的 sample 函数, 还可以使用我们之前学习过的逆变换法的离散情况.

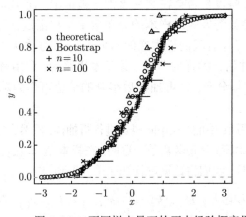

图 3.6.1   不同样本量下的正态经验概率累积分布图

Bootstrap 方法常用于估计估计值的随机分布. 若通过随机变量 X 估计参数 θ, 得到估计值 $\hat{\theta}$, 而我们又对估计值 $\hat{\theta}$ 的分布情况感兴趣, 便可以使用 Bootstrap 方法:

(1) 利用 Bootstrap 方法对随机变量 X 进行多次再抽样, 得到样本子集 X_1, $X_2, \cdots, X_n$;

(2) 通过样本子集 $X_1, X_2, \cdots, X_n$ 得到估计值 $\hat{\theta}_1, \hat{\theta}_2, \cdots, \hat{\theta}_n$;

(3) 可针对估值 $\hat{\theta}_1, \hat{\theta}_2, \cdots, \hat{\theta}_n$ 计算方差、均值、偏度等分布参数, 并且可以计算估值 $\hat{\theta}$ 的经验分布函数.

在此, 我们通过样本均值 $\bar{x}$ 对正态分布的均值 μ 进行估计, 并且估计该估值的方差及概率累积分布函数. 由简单数理统计知识可知, 若随机变量服从正态分布 $x \sim N\left(\mu, \sigma^2\right)$, 则样本均值同样服从正态分布 $\bar{x} \sim N\left(\mu, \dfrac{1}{n}\sigma^2\right)$:

(1) 生成 1000 个随机变量 $X \sim N(2, 9)$;

(2) 利用 Bootstrap 算法生成 100 组样本子集 $X_1, X_2, \cdots, X_{100}$, 每组 10 个样本, 并且分别计算其样本均值 $\bar{x}_1, \bar{x}_2, \cdots, \bar{x}_{100}$ 作为分布均值的估计值;

(3) 计算 $\bar{x}_1, \bar{x}_2, \cdots, \bar{x}_{100}$ 的均值、方差, 并且做出 $\bar{x}_1, \bar{x}_2, \cdots, \bar{x}_{100}$ 的经验概率累积函数图 (图 3.6.2).

```
x <- rnorm(1000, 2, 3)
xBar.vec <- vector("numeric")
for (i in 1:100) {
  x.sample <- sample(x, 10)
  xBar.vec <- append(xBar.vec, mean(x.sample))
}
> mean(xBar.vec)
[1] 2.070971
> var(xBar.vec)
[1] 1.080425
y <- ecdf(xBar.vec)
x.norm <- seq(-2,5,0.1)
y.norm <- pnorm(x.norm, 2, 0.9)
plot(x.norm, y.norm, type = "p", pch=1)
lines(y, pch=2)
legend("topleft", legend = c("theoretical", "Bootstrap"), pch = c
    (1:2))
```

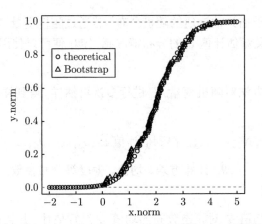

图 3.6.2　$N(2, 0.9)$ 概率累积函数与 $\bar{x}$ 经验概率累积函数

由概率论的知识可计算得理论上 $\bar{x} \sim N(2, 0.9)$, 因此我们对比 $\bar{x}_1, \bar{x}_2, \cdots,$ $\bar{x}_{100}$ 的经验概率累积函数图与 $N(2, 0.9)$ 的概率累积函数.

在图 3.6.2 中, 我们可看到经验概率累积函数与理论概率累积函数已然很接近了. 在此我们考虑到既然是进行再抽样, 而抽样生成的样本数量并不是固定, 换而言之再抽样中我们生成的新样本的样本数量是可以远远大于原有样本量的. 同时我们可生成的新样本组数也是不固定的. 在此我们进行试验对比不同的样本量以及不同的新样本组数对 Bootstrap 算法有何影响.

```
x <- rnorm(100, 2, 3)
xBar.matrix <- matrix(,100,100)
for (i in 1:100) {
  for (j in 1:100) {
    x.sample <- sample(x, 10*i,replace = T)
    xBar.matrix[i,j] <- sd(x.sample)
  }
}
rowMeans(xBar.matrix)
xBar.var <- apply(X = xBar.matrix, MARGIN = 1, FUN = var)

x.axi <- seq(10,1000,10)
plot(x.axi, xBar.var, xlab = "sample number", ylab = "estimation
    variance")

bs.sd <- vector("numeric")
for (i in 1:100) {
  xSd.vec <- vector("numeric")
```

```
for (j in 1:5*i) {
  x.sample <- sample(x, 10,replace = T)
  xSd.vec <- append(xSd.vec, sd(x.sample))
}
bs.sd <- append(bs.sd, sd(xSd.vec))
}

x.axi <- seq(5,500,5)
plot(x.axi, bs.sd, xlab = "sample set number", ylab = "estimation
    variance")
```

对比下方两图 (图 3.6.3 和图 3.6.4), 可推断在 Bootstrap 方法中每组中样本量的大小对于未知参数估值的方差有较大贡献, 而再抽样的组数对于估值方差没有明显影响. 但是, 显而易见的再抽样的样本数量对于拟合参数估值的随机分布有显著贡献.

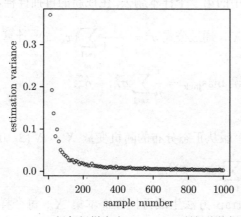

图 3.6.3　100 组每组样本由 10—1000 所得估值标准差

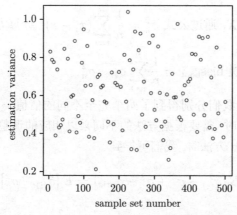

图 3.6.4　5—500 组每组样本 10 所得估值标准差

3.7   Jackknife 方法

Jackknife 方法与 Bootstrap 方法相同, 都是再抽样的方法. Jackknife 再抽样方法类似于交叉验证法 (cross-validation), 将样本中某个样本剔除以得到新的抽样样本 (通常也称其为 "drop-1" 抽样). 我们通过估计 $\hat{\sigma}^2 = \dfrac{1}{n}\sum\limits_{i=1}^{n}(x_i - \bar{x})^2$ 与总体方差 σ^2 的偏误 (bias) 来对比 Jackknife 与 Bootstrap 两个方法间的不同.

Jackknife 方法:

(1) 生成 1000 个服从正态分布的随机变量 $X \sim N(2, 100)$, 并利用全样本计算方差估值 $\hat{\sigma}_n^2 = \dfrac{1}{n}\sum\limits_{i=1}^{n}(x_i - \bar{x})^2$;

(2) 将随机样本中的第 i 个样本删去, 生成新的再抽样样本组 $X_{(i)}$;

(3) 利用新样本 $X_{(i)}$ 通过公式 $\hat{\sigma}^2 = \dfrac{1}{n-1}\sum\limits_{i=1}^{n-1}(x_i - \bar{x})^2$ 计算方差的有偏估值 $\hat{\sigma}_{(i)}^2$;

(4) 计算估值偏误 $\hat{\text{bias}}_{\text{jack}} = \dfrac{1}{n}\sum\limits_{i=1}^{n}\sigma_{(i)}^2 - \sigma_n^2$.

Bootstrap 方法:

(1) 生成 1000 个服从正态分布的随机变量 $X \sim N(2, 100)$, 并利用全样本计算方差估值 $\hat{\sigma}_n^2 = \dfrac{1}{n}\sum\limits_{i=1}^{n}(x_i - \bar{x})^2$;

(2) 利用 Bootstrap 方法生成再抽样样本集 X_i, 每个样本组有 999 个随机样本;

(3) 利用新样本 X_i 通过公式 $\hat{\sigma}_n^2 = \dfrac{1}{n}\sum\limits_{i=1}^{n}(x_i - \bar{x})^2$ 计算方差的有偏估值 $\hat{\sigma}_i^2$;

(4) 计算估值偏误 $\hat{\text{bias}}_{\text{boot}} = \dfrac{1}{n}\sum\limits_{i=1}^{n}\sigma_i^2 - \sigma_n^2$.

通过上面的实验我们分别得到了两个完全不同的估值, 可见当使用再抽样的方式对偏误进行估计时, 需要根据方法的不同乘以相应的调整系数.

在使用 Jackknife 方法时, 我们可得到

$$E\left[\hat{\sigma}_{(i)}^2 - \hat{\sigma}_{\text{orig}}^2\right] = E\left[\hat{\sigma}_{(i)}^2 - \sigma^2 + \sigma^2 - \hat{\sigma}_{\text{orig}}\right] = E\left[\hat{\sigma}_{(i)}^2 - \sigma^2\right] - E\left[\hat{\sigma}_{\text{orig}}^2 - \sigma^2\right],$$

其中等号右侧的两部分分别为 $E\left[\hat{\sigma}_{(i)}^2 - \sigma^2\right] = \dfrac{\sigma^2}{n-1}$ 和 $E\left[\hat{\sigma}_{\text{orig}}^2 - \sigma^2\right] = \dfrac{\sigma^2}{n}$. 因

此可得到 $E\left[\hat{\sigma}_{(i)}^2 - \hat{\sigma}_{\text{orig}}^2\right] = \dfrac{\sigma^2}{n(n-1)}$, 其中我们已知偏误的理论真值为 bias $=$ $\dfrac{\sigma^2}{n}$, 则可知 bias $= (n-1)E\left[\hat{\sigma}_{(i)}^2 - \hat{\sigma}_{\text{orig}}^2\right]$.

```
> x.orig <- rnorm(10000,2,3)
> sigma.orig <- sum((x.orig - mean(x.orig))^2)/10000
> sigma.orig-9
[1] -0.1711569
>
> sigma.jack <- vector("numeric")
> for (i in 1:10000) {
+     x.jack <- x.orig[-i]
+     sigma <- sum((x.jack - mean(x.jack))^2)/9999
+     sigma.jack <- append(sigma.jack, sigma)
+ }
>
> bias.jack <- abs(sigma.jack - sigma.orig)
>
> jack.est <- mean(bias.jack)
> jack.est
[1] 0.0008556361
```

在使用 Bootstrap 时, 我们可得到

$$E\left[\hat{\sigma}_i^2 - \hat{\sigma}_{\text{orig}}^2\right] = E\left[\hat{\sigma}_i^2 - \sigma^2 + \sigma^2 - \hat{\sigma}_{\text{orig}}^2\right] = E\left[\hat{\sigma}_i^2 - \sigma^2\right] - E\left[\hat{\sigma}_{\text{orig}}^2 - \sigma^2\right].$$

同样地可得等号右侧分别为 $E\left[\hat{\sigma}_i^2 - \sigma^2\right] = \dfrac{\sigma^2}{m}, E\left[\hat{\sigma}_{\text{orig}}^2 - \sigma^2\right] = \dfrac{\sigma^2}{n}$, 其中 m 为 Bootstrap 方法中生成样本的样本量. 可知 $E\left[\hat{\sigma}_i^2 - \hat{\sigma}_{\text{orig}}^2\right] = \dfrac{(n-m)\sigma^2}{mn}$, 因此 bias $= \dfrac{n-m}{m}E\left[\hat{\sigma}_i^2 - \hat{\sigma}_{\text{orig}}^2\right]$.

```
> sigma.boot <- vector("numeric")
> for (i in 1:100) {
+     x.boot <- sample(x.orig, 99, replace = T)
+     sigma <- sum((x.boot - mean(x.boot))^2)/99
+     sigma.boot <- append(sigma.boot, sigma)
+ }
>
> bias.boot <- abs(sigma.boot - sigma.orig)
> boot.est <- mean(bias.boot)
```

```
>
> boot.est
[1] 1.059793
```

接下来我们尝试使用 Jackknife 和 Bootstrap 方法来估计某已知均匀分布 $X \sim U(a,b)$ 的中位数. 由于是均匀分布, 因此其中位数应当等于其均值 $\mathrm{Median}\,(X) = \mathrm{Mean}\,(X) = \dfrac{b-a}{2}$.

```
> x <- runif(50,0,1)
> #Jackknife
>
> m.jack <- vector("numeric")
> for (i in 1:50) {
+    m.jack <- append(m.jack, median(x[-i]))
+ }
> mean(m.jack)
[1] 0.5442232
> sd(m.jack)
[1] 0.004623112
> #Bootstrap
>
> m.boot <- vector("numeric")
> for (i in 1:50) {
+    m.boot <- append(m.boot,median(sample(x, 20, replace = T)))
+ }
> mean(m.boot)
[1] 0.5609719
> sd(m.boot)
[1] 0.1139327
```

通过对比 Jackknife 方法与 Bootstrap 方法的结果, 我们发现两个方法得到的关于中位数估计值的标准差有显著差距 (0.004623112 与 0.1139327). 其原因在于 Jackknife 方法对于非连续的变量进行估计时有额外条件. 对于单次抽样删失 d 个样本的 Jackknife 方法, 当 $\sqrt{n}/d \to \infty$ 且 $(n-d) \to \infty$ 时, Jackknife 方法对中位数的估计才具有一致性. 在实际应用当中, 我们更偏向于使用 Bootstrap 方法抽样而非 Jackknife 方法.

3.8 Bootstrap 估计的置信区间

当通过再抽样方法轻松地得到未知系数的估值后, 我们需要对估计的精确度进行相关的度量. 其中置信区间可作为度量估计精度以及进行统计假设检验的有效统计工具.

若我们假设由 Bootstrap 方法得到的估计量服从均值为真值的正态分布 $\hat{\theta} \sim N(\theta, \sigma^2)$, 可通过标准正态分布的分位数 $(z_{\alpha/2})$ 来构建该估计量的 $100(1-\alpha)\%$ 置信区间

$$\hat{\theta} \pm z_{\alpha/2}\sigma,$$

其中我们可以使用 $\text{sd}(\hat{\theta})$ 作为 σ 的估计值.

```
> #bootstrap中位数估值的标准正态置信区间
>
> mean(m.boot)-sd(m.boot)*qnorm(0.95)    #直接使用qnorm求取95%分位数
[1] 0.3508835
> mean(m.boot)+sd(m.boot)*qnorm(0.95)
[1] 0.565423
```

我们称该方法为标准正态 Bootstrap 置信区间 (standard normal Bootstrap confidence interval), 该方法主要特征在于方便计算, 但其结果建立于两个较为强的假设之上:

(1) 估值 $\hat{\theta}$ 是待估参数 θ 的无偏估计 (这样分布的期望才能是 θ, 否则 $\hat{\theta}$ 的期望为 $\theta + \text{bias}$, 其中的 bias 也可通过 Bootstrap 方法进行估计);

(2) 估值 $\hat{\theta}$ 服从正态分布, 或 $\hat{\theta}$ 是样本均值且其样本量足够大 (当样本足够大时便可引用大数定律与中心极限定理).

在概率统计中我们学习过对正态分布 $N(\mu, \sigma^2)$ 中的期望值 μ 进行估计并建立其置信区间的方法. 其间我们强调过当标准差 σ 为已知量时, 统计量 $z = \dfrac{\hat{\mu} - \mu}{\sigma}$ 将服从标准正态分布 $N(0,1)$; 当标准差未知并且使用样本标准差 $\hat{\sigma} = \text{sd}(\hat{\mu})$ 对其估计时, 统计量 $t = \dfrac{\hat{\mu} - \mu}{\hat{\sigma}}$ 将服从 t 分布. 同样地, 在上面产生标准正态 Bootstrap 置信区间的过程中, 我们对标准差采用了样本标准差予以估计. 因此很自然地想到 $t = \dfrac{\hat{\theta} - \theta}{\text{sd}(\hat{\theta})}$ 是否也会服从 t 分布呢? 但很可惜我们并不知道 $\text{sd}(\hat{\theta})$ 的分布, 因此无法用标准 t 分布作为统计量的分布. 相似地我们采用 Bootstrap 的再抽样方法产生一个 t 统计量的经验概率累积函数并求相应的分位数以构建置信区间. 我们称该方法为 Bootstrap 的 t 置信区间.

```
> #Bootstrap中位数估值的t分布置信区间
>
> m.boot <- vector("numeric")
> for (i in 1:50) {
+     m.boot <- append(m.boot,median(sample(x, 20, replace = T)))
+ }
> mean(m.boot)           #求得中位数的样本均值与样本方差
[1] 0.4612598
> sd(m.boot)
[1] 0.09065288
>
> m.temp <- vector("numeric")
> sd.temp <- vector("numeric")
> for (k in 1:20) {
                   #再利用Bootstrap进行抽样计算theta_k的期望及标准差
+     x_temp <- sample(x, 20, replace = T)
+     m.temp <- append(m.temp,median(x_temp))
+     m.temp4sd <- vector("numeric")
+     for (j in 1:10) {
                   #利用Bootstrap进行抽样计算theta_k的标准差估计值
+        m.temp4sd <- append(m.temp4sd,median(sample(x_temp, 10,
     replace = T)))
+     }
+     sd.temp <- append(sd.temp, sd(m.temp4sd))
+ }
> t.ecdf <- (m.temp-mean(m.boot))/(sd.temp)
> t.ecdf <- sort(t.ecdf)        #利用sort函数将数据进行升序排列
> mean(m.boot) - quantile(t.ecdf,0.975)*sd(m.boot)
    97.5%
0.3944633
> mean(m.boot) - quantile(t.ecdf,0.025)*sd(m.boot)
     2.5%
0.7159964
```

既然偏误 bias 与标准差 sd($\hat{\theta}$) 都可以直接采用 Bootstrap 方法进行估计, 那么我们何不直接利用 Bootstrap 方法对估计量的置信区间上下限进行估计呢? 若通过 Bootstrap 方法, 我们对估计量 $\hat{\theta}$ 有 n 个样本 $\hat{\theta}_i$, 其中 $i = 1, 2, \cdots, n$, 由于 $\hat{\theta} = E(\hat{\theta}_i)$, 不失一般性地可将 $\hat{\theta}_i$ 的分布通过 $b_i = \hat{\theta}_i - \hat{\theta}$ 进行中心化. 通过 Bootstrap 方法产生 b_i 的经验累积概率函数 (ecdf), 我们可得到分位点 $b_{\alpha/2}$ 和 $b_{1-\alpha/2}$ 的估计值 $\hat{b}_{\alpha/2} = \hat{\theta}_{\alpha/2} - \hat{\theta}$ 和 $\hat{b}_{1-\alpha/2} = \hat{\theta}_{1-\alpha/2} - \hat{\theta}$. 由分位点的定义可得

$$P(\hat{\theta} - \theta > b_\alpha) = P(\hat{\theta} - b_\alpha > \theta) = 1 - \alpha.$$

因此可得 $\hat{\theta}$ 的 $100\,(1-\alpha)\,\%$ 置信区间估计为

$$\left(\hat{\theta} - \hat{b}_{1-\alpha/2}, \hat{\theta} - \hat{b}_{\alpha/2}\right) = \left(\hat{\theta} - \left(\hat{\theta}_{1-\alpha/2} - \hat{\theta}\right), \hat{\theta} - \left(\hat{\theta}_{\alpha/2} - \hat{\theta}\right)\right)$$
$$= \left(2\hat{\theta} - \hat{\theta}_{1-\alpha/2}, 2\hat{\theta} - \hat{\theta}_{\alpha/2}\right).$$

该方法全程使用基本的 Bootstrap 方法, 我们称其为基本 Bootstrap 置信区间 (basic Bootstrap confidence interval).

```
> #Bootstrap中位数估值的基本置信区间
>
> 2*mean(m.boot)-quantile(m.boot,0.975)
                #利用quantile函数求样本分位值
   97.5%
0.353552
> 2*mean(m.boot)-quantile(m.boot,0.025)
    2.5%
0.562135
```

就此产生了一个很自然的问题: 如果不将分布中心化, 直接针对 $\hat{\theta}$ 的经验概率累积函数求分位值的估值可行吗? 我们假设通过 Bootstrap 方法得到了 n 个待估参数的样本 $\hat{\theta}_i$, 其中 $i = 1, 2, \cdots, n$, 将其从小到大进行排列 $\hat{\theta}_{(k)}$, 其中 $k = 1, 2, \cdots, m$, 此时我们得到了待估参数的累积经验概率函数 $P(x \leqslant \hat{\theta}_{(k)}) = k - 1$. 要求 $100\,(1-\alpha/2)\,\%$ 百分位数, 首先求解带余数的除法公式 $(m+1)\,(1-\alpha/2)$ %%1 $= j \cdots g$, 则根据经验概率累积函数可得 $100\,(1-\alpha/2)\,\%$ 的百分位数为

$$\hat{\theta}_{1-\alpha/2} = g \cdot \hat{\theta}_{(j)} + (1-g) \cdot \hat{\theta}_{(j+1)} = \hat{\theta}_{(j)} + g \cdot \left[\hat{\theta}_{(j+1)} - \hat{\theta}_{(j)}\right].$$

同理可求得 $100\,(\alpha/2)\,\%$ 的百分位数估计值 $\hat{\theta}_{\alpha/2}$. 进而得到 Bootstrap 的 $100(1-\alpha)\%$ 置信区间

$$\left(\hat{\theta}_{\alpha/2}, \hat{\theta}_{1-\alpha/2}\right).$$

此方法比基本 Bootstrap 置信区间思路还要简单, 但得到的结果相对也更为粗糙, 全程只利用了 Bootstrap 产生的待估参数抽样值 $\hat{\theta}_i$ 的百分位数, 我们称该方法为百分位数 Bootstrap 置信区间 (percentile Bootstrap confidence interval).

```
> #Bootstrap中位数估值的百分位数置信区间
>
```

```
> quantile(m.boot,0.025)    #利用quantile函数求样本分位值
     2.5%
0.3541716
> quantile(m.boot,0.975)
     97.5%
0.5627546
```

思考与习题

1. 利用蒙特卡罗积分求解 $\int_0^\pi \frac{1}{\sqrt{2\pi}}\mathrm{e}^{-\frac{x^2}{2}}\mathrm{d}x$.

2. 利用蒙特卡罗积分求解 $\int_1^\pi \ln(x)\frac{1}{\sqrt{2\pi}}\mathrm{e}^{-\frac{x^2}{2}}\mathrm{d}x$.

3. 利用蒙特卡罗积分求解 $\int_1^\pi \ln(x)\mathrm{d}x$.

4. 利用 R 产生随机变量 $x=0.5x_1+0.5x_2$, 其中 $x_1,x_2\sim N(0,1)$, 并计算随机变量 x 的方差.

5. 在控制变量蒙特卡罗方法中, 尝试若控制变量 $f(x)$ 的均值也在算法中, 利用样本均值 $\hat\gamma=\frac{1}{n}\sum f(x)$ 进行估计会发生什么.

6. 尝试构造新的重点抽样分布 $f(x)$ 并利用蒙特卡罗重点抽样积分方法估计积分值

$$\int_0^2 \sin\left(\frac{1}{-5x^2+x+2}\right)\mathrm{d}x.$$

7. 从标准正态分布中进行抽样 $x_i\sim N(0,1)$, 其中 $i=1,2,\cdots,1000$. 并对得到的样本进行再抽样得到样本 x_k, 其中 $k=1,2,\cdots,1000$, 利用两组样本分别绘制出经验概率累积函数. 对比两组经验概率累积函数.

8. 从标准正态分布中进行抽样 $x_i\sim N(0,1)$, 其中 $i=1,2,\cdots,1000$. 并对得到的样本进行有放回的再抽样, 产生 8 组再抽样样本, 每组样本量分别为 10,50,100,500,1000,5000,10000,100000. 分别做出它们的经验概率累积函数图像, 并与 x_i 的经验概率累积函数图像进行对比.

9. 从正态分布中进行抽样 $x_i\sim N(0.654321,1)$, 其中 $i=1,2,\cdots,1000$. 并对得到的样本进行有放回的再抽样, 产生 8 组再抽样样本, 每组样本量分别为 10,50,100,500,1000,5000,10000,100000. 基于这 8 组再抽样样本分别利用样本均值对分布的期望值进行估计并保留 6 位有效数字. 并与基于 x_i 的样本均值进行对比.

10. 从正态分布中进行抽样 $x_i \sim N(0, 25)$, 其中 $i = 1, 2, \cdots, 1000$. 并对得到的样本进行有放回的再抽样, 产生 5 组再抽样样本, 每组样本量分别为 10, 100, 500, 1000, 10000. 基于这 5 组再抽样样本分别利用 $s^2 = \frac{1}{n}(x_k - \bar{x})^2$ 对分布的方差进行估计. 并与基于 x_i 的统计量 $s^2 = \frac{1}{n}(x_i - \bar{x})^2$ 进行对比.

11. 重复第 10 题中的计算, 对于 5 组再抽样样本各产生 100 个方差估值, 利用这些方差估值 $\hat{s}_k^2$, 通过公式 $\hat{\text{bias}}(\hat{s}^2) = \bar{\hat{s}}^2 - \hat{s}$ 估计平方差估值的偏误.

12. 从正态分布中进行抽样 $x_i \sim N(0, 25)$, 其中 $i = 1, 2, \cdots, 1000$. 并分别利用以下两种方法对得到的样本进行有放回的再抽样.

方法 A: 利用 Bootstrap 方法对样本 x_i 再抽样产生 $d = 100$ 的新样本, 并计算 $\hat{\sigma}_m^2 = \frac{1}{d-1}\sum_{k=1}^{d}(x_k - \bar{x})^2$ 得到标准差的估值 $\hat{\sigma}_m$, 其中 $m = 1, 2, \cdots, 100$, 再利用 Jackknife 方法对 $\hat{\sigma}_m$ 进行 drop-1 再抽样, 并计算 $\text{sd}(\hat{\sigma})^2 = \frac{1}{m-2}\sum_{k=1}^{m-1}(\hat{\sigma}_k - \bar{\hat{\sigma}})^2$ 得到 Bootstrap 估计量的 Jackknife 标准差估计.

方法 B: 利用 Jackknife 方法对样本 x_i 再抽样产生 drop-1 的新样本, 并计算 $\hat{\sigma}_m^2 = \frac{1}{998}\sum_{k=1}^{999}(x_k - \bar{x})^2$ 得到标准差的估值 $\hat{\sigma}_m$, 其中 $m = 1, 2, \cdots, 1000$, 再利用 Bootstrap 方法对 $\hat{\sigma}_m$ 进行再抽样得到 100 个 $\hat{\sigma}_k$ 样本, 并计算 $\text{sd}(\hat{\sigma})^2 = \frac{1}{99}\sum_{k=1}^{100}(\hat{\sigma}_k - \bar{\hat{\sigma}})^2$ 得到 Jackknife 估计量的 Bootstrap 标准差估计.

13. 从正态分布中进行抽样 $x_i \sim N(0, 25)$, 其中 $i = 1, 2, \cdots, 1000$. 并利用 Bootstrap 方法对其方差进行估计. 计算该估计量的标准正态 Bootstrap 置信区间.

14. 从自由度为 5 的卡方分布中进行抽样 $x_i \sim \chi^2(5)$, 其中 $i = 1, 2, \cdots, 1000$. 并利用 Bootstrap 方法对其方差进行估计. 计算该估计量 Bootstrap 的 t 置信区间.

15. 从分布 $f(x) = \sin(x)$, $x \in \left[0, \frac{\pi}{2}\right]$ 中抽取 1000 个样本. 利用 Bootstrap 方法对其方差进行估计. 计算该估计量的基本 Bootstrap 置信区间.

16. 从分布 $f(x) = \frac{1}{x}$, $x \in [1, e]$ 中抽取 1000 个样本. 利用 Bootstrap 方法对其方差进行估计. 计算该估计量的百分位数 Bootstrap 置信区间.

第4章 马尔可夫链蒙特卡罗方法

在之前的章节中我们介绍了蒙特卡罗方法. 利用产生特定分布 $f(x)$ 的样本 $x_i, i = 1, 2, \cdots, n$, 通过求随机变量函数的样本均值对期望值进行估计

$$\frac{1}{n} \sum_{i=1}^{n} \bar{h}(x_i) \approx E[h(x)] = \int_A h(x) f(x) \mathrm{d}x,$$

其中 $h(x) = \dfrac{g(x)}{f(x)}$, 以此巧妙地数值求解积分 $\displaystyle\int_A g(x) \mathrm{d}x$.

通过蒙特卡罗方法, 我们将积分求解问题转化为产生特定分布随机样本的问题. 在第 2 章我们学习了多种产生随机样本的常见方法, 如逆变换法、接受-拒绝法、转换法等, 这些方法都直接地对概率密度函数 $f(x)$ 或概率累积函数 $F(x)$ 进行处理进而产生随机样本. 而本章的马尔可夫链蒙特卡罗方法 (Markov chain Monte-Carlo methods, MCMC) 则通过构造一条满足特定条件的马尔可夫链进行抽样. 该马尔可夫链的稳态分布 (stationary distribution) 恰巧与目标分布 $f(x)$ 的相同, 并且在 MCMC 中, 我们让该随机过程迭代足够长的时间到其收敛于稳态, 则其收敛到稳态后所产生的随机样本则可看作来自目标分布 $f(x)$ 的随机样本.

4.1 随 机 过 程

首先我们给出样本空间 Ω 与概率度量 P 等常见概念的定义.

某个试验所有可能的结果的集合称作样本空间 $\Omega = \{\omega\}$. 事件 A 是样本集的子集, 当且仅当观测到的结果 ω 是 A 的元素时, 我们称事件 A 发生了. 若函数 P 对于每个样本集上的事件 A 都有一个数字与其对应, 则称函数 P 为概率度量, 且其满足

(1) 对任意事件 $A, 0 \leqslant P(A) \leqslant 1$;

(2) $P(\Omega) = 1$;

(3) 对任意不相交的事件序列 $A_1, A_2, \cdots, A_n$ 都有 $P\left(\bigcup_{i=1}^{n} A_i\right) = \sum_{i=1}^{n} P(A_i)$.

基于样本空间 Ω 与其上的概率度量 P, 我们可定义随机变量函数 $X(\omega)$ 为随机变量. 样本空间 Ω 上的任意结果 ω 所得到的随机变量 $X(\omega)$ 都属于集合 E, 则称 $X(\omega)$ 定义在集合 E 上.

例如我们进行投骰子比赛, 投掷两颗骰子, 投出较小数字 (2 到 6), 则失去一分, 投出较大数字 (7 到 11), 则得到一分, 投出 "豹子"(12), 则得 0 分. 那么我们的样本空间为投掷两颗骰子可能出现的结果 $\Omega = \{(1,1), (1,2), \cdots, (6,6)\}$ (表 4.1.1), 其上事件 $A_1 = \{(1,1), (1,2), \cdots, (3,3)\}$ 为 "投出较小数字", 事件 $A_2 = \{(3,4), (3,5), \cdots, (5,6)\}$ 为 "投出较大数字", 事件 $A_3 = \{(6,6)\}$ 为 "投出豹子".

表 4.1.1　样本空间及各事件所对应元素

两颗骰子各自点数	1	2	3	4	5	6
1	2	3	4	5	6	7
2	3	4	5	6	7	8
3	4	5	6	7	8	9
4	5	6	7	8	9	10
5	6	7	8	9	10	11
6	7	8	9	10	11	12

函数 P 为该样本空间上对于事件 A_1, A_2 和 A_3 的概率度量, $P(A_1) = \dfrac{5}{12}$, $P(A_2) = \dfrac{5}{9}, P(A_3) = \dfrac{1}{36}$. 随机变量 $X(\omega)$ 为该次试验的得分情况, 如表 4.1.2.

表 4.1.2　随机变量 X 与样本空间中元素对应关系

两颗骰子各自点数	1	2	3	4	5	6
1	−1	−1	−1	−1	−1	1
2	−1	−1	−1	−1	1	1
3	−1	−1	−1	1	1	1
4	−1	−1	1	1	1	1
5	−1	1	1	1	1	1
6	1	1	1	1	1	0

由表 4.1.2 可知 $X(\omega) \in \{-1, 0, 1\} = E$, 则我们称 $X(\omega)$ 定义在 E 集合上.

基于状态空间 (state space)E 的随机过程 (stochastic process) 定义为随机变量 $X_t \in E$ 的集合 $\{X_t; t \in T\}$. 其中的集合 T 称为参数集 (parameter set), 若 T 为可数可列集合, 则称之为离散参数过程 (discrete parameter process), 反之若 T 不可数, 则称其为连续参数过程 (continuous parameter process). 一般我们可以

认为参数 t 代表时间, 同时 X_t 表示某一时间点的状态 (state) 或位置 (position).

伯努利随机过程 (Bernoulli process)

我们更改上面投骰子的游戏, 在投掷骰子过后需要在一个共计 26 个格子的环形棋盘上移动一颗小赛车棋子, 从起点出发, 若加 1 分则向前移动一格, 若减 1 分或得 0 分则不移动棋子. 对于第 t 次的骰子结果, 我们有第 t 次移动方向的随机变量 $X_t = \{0,1\}$ (图 4.1.1).

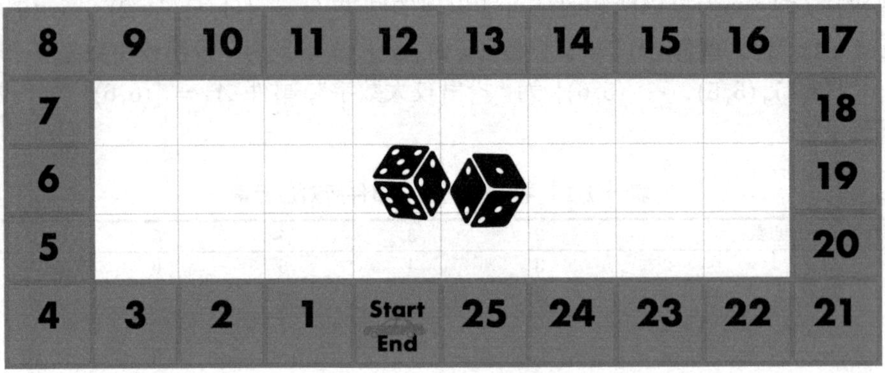

图 4.1.1　赛车游戏棋盘

随机过程 $\{X_t; t = 1, 2, \cdots\}$ 中每个状态有且仅有两种可能结果, 并且每个状态之间互不影响, 这样的随机过程我们称为伯努利随机过程.

随机过程 $\{X_i; i = 1, 2, \cdots\}$ 满足以下两个条件:

(1) $X_1, X_2, \cdots$ 之间相互独立;

(2) 对于所有随机变量 X_i 都有 $P(X_i = 1) = p, P(X_i = 0) = q = 1 - p$, 则我们称该随机过程为伯努利随机过程.

伯努利随机过程有如下性质:

(1) 随机变量的 n 阶矩 $(n = 1, 2, \cdots)$ 都等于 $p, E(X_i) = E(X_i^2) = E(X_i^3) = \cdots = p$;

(2) 随机变量的方差为 $pq, \mathrm{Var}(X_i) = E(X_i^2) - E(X_i)^2 = p - p^2 = p(1 - p) = pq$;

(3) 对于任意 $\alpha \geqslant 0, E(\alpha^{X_i}) = \alpha^0 P(X_i = 0) + \alpha^1 P(X_i = 1) = q + \alpha p$.

小赛车游戏中 $\{X_t; t = 1, 2, \cdots\}$ 为伯努利随机过程, 且每次前进的概率 $P(X_i = 1) = p = \dfrac{5}{12}$. 若我们感兴趣的是经过 n 次投掷骰子之后小车所处的位置, 则可以将问题转变为求 n 个独立随机变量的和 $N_n(\omega) = \sum_{i=1}^{n} X_i(\omega)$, 其中 $\omega \in \Omega$ 为投

掷骰子结果. $\{N_n; n \in \mathcal{N}\}$ 也是一个随机过程, 且该随机过程的参数为离散参数 $\mathcal{N} = \{0, 1, 2, \cdots\}$, 并且它的状态空间也是离散的 $\{0, 1, \cdots\}$. 由伯努利随机过程的性质可得

$$E(N_n) = E(X_1 + X_2 + \cdots + X_n) = E(X_1) + E(X_2) + \cdots + E(X_n) = np.$$

则我们可通过 $np = 26$ 来反向求出小车走完全程的期望局数为: $n = 26 / \dfrac{5}{12} = 62.4$. 并且可得 N_n 的方差为

$$\mathrm{Var}(N_n) = \mathrm{Var}(X_1 + X_2 + \cdots + X_n)$$
$$= \mathrm{Var}(X_1) + \mathrm{Var}(X_2) + \cdots + \mathrm{Var}(X_n) = npq.$$

随机过程 $\{N_n; n \in \mathcal{N}\}$ 有以下两条关键性质.

性质 1:

对于任意 $n, k \in \mathcal{N}$ 都有 $P(N_{n+1} = k) = pP(N_n = k-1) + qP(N_n = k)$.

上面的性质理解起来也较为简单, $N_{n+1} = k$ 的状态有且仅有两种: 前一时刻 $N_{n-1} = k$, 则第 n 时刻 $X_n = 0$; 或者前一时刻 $N_{n-1} = k-1$, 则第 n 时刻 $X_n = 1$.

性质 2:

对于任意 $n \in \mathcal{N}, P(N_n = k) = \dfrac{n!}{k!(n-k)!} p^k q^{n-k}$, 其中 $k = 0, 1, 2, \cdots, n$.

其证明思路与超几何分布的推导是一致的. 假设进行了 n 次试验, 其中一共成功了 k 次, 每次试验成功的概率为 p, 失败的概率为 $q = 1 - p$, 那么该事件的概率可理解为 n 次试验中选择 k 次成功, 剩余的 $n - k$ 次则失败, 因此得

$$P(N_n = k) = \binom{n}{k} p^k q^{n-k}.$$

同学们可以尝试推导以下结论.

(1) 对于任意 $m, n, k \in \mathcal{N}, P(N_{m+n} - N_m = k) = \dfrac{n!}{k!(n-k)!} p^k q^{n-k}$, 其中 $k = 0, 1, 2, \cdots, n$. 可观察得到该概率与 m 无关.

(2) 对于任意 $m, n, k \in \mathcal{N}$,

$$P(N_{m+n} - N_m = k | N_0, N_1, \cdots, N_m) = P(N_{m+n} - N_m = k) = \dfrac{n!}{k!(n-k)!} p^k q^{n-k},$$

其中 $k = 0, 1, 2, \cdots, n$. 可观察得到 $P(N_{m+n} - N_m = k)$ 的概率与之前的状态 $N_0, N_1, \cdots, N_m$ 无关.

我们再次回到之前的赛车游戏当中:

- 经过 5 局之后赛车前进了 3 格的概率 $P(N_5 = 3) = \binom{5}{3}\left(\frac{5}{12}\right)^3\left(\frac{5}{9}\right)^2$;
- $P(N_7 - N_5 = 1) = P(N_7 - N_5 = 1|N_5 = 3)P(N_5 = 3)$;
- $P(N_7 - N_5 = 1|N_5 = 3) = P(N_7 - N_5 = 1, N_5 = 3)/P(N_5 = 3)$;
- $P(N_7 - N_5 = 1, N_5 = 3) = P(N_7 = 4, N_5 = 3)$
$$= P(N_5 = 3)\left[\binom{2}{1}\left(\frac{5}{12} \times \frac{5}{9}\right)\right];$$
- $P(N_7 - N_5 = 1) = \binom{2}{1}\frac{5}{12} \times \frac{5}{9}$.

我们发现上面得出 $N_7 - N_5 = 1$ 的概率与 N_5 的状态并无关系, 并且与之前 N_1, N_2, N_3, N_4 的状态同样没有关系. 具有如上性质的随机过程我们称其为具有独立增量的随机过程.

接下来我们将认识伯努利随机过程最为重要的一个性质:

若随机变量 Y 是有限个随机变量 $N_m, N_{m+1}, N_{m+2}, \cdots, N_{m+n}$ 的函数, $Y = g(N_m, N_{m+1}, \cdots, N_{m+n})$, 则随机变量 Y 的条件期望满足: $E(Y|N_0, N_1, \cdots, N_{m-1}, N_m) = E(Y|N_m)$.

换而言之, 当已知 $N_0, N_1, \cdots, N_{m-1}, N_m$ 的信息时 (等价于已知 $X_0, X_1, X_2, \cdots, X_m$), 若我们关心的是对未来状态或未来状态的函数的预测时, 则只有当前状态 N_m 对未来有影响, 我们可以理解该随机过程 $\{N_n; n \in \mathcal{N}\}$ 只对当前状态有记忆而对过去的状态产生了 "遗忘". 而具有这样 "遗忘" 特性的随机过程便是马尔可夫链.

赛车游戏中若将第 m 次投骰子时小车所处位置记为当前状态 $N_m = k$, 而之前 $m-1$ 次投骰子小车所在历史位置记为 $N_0, N_1, N_2, \cdots, N_{m-1}$. 则再投 2 次骰子后小车将处在的位置记为 Y, 可知随机变量 $Y = g(N_{m+1}, N_{m+2}) = N_{m+2}$. 由于每次投掷骰子的结果相互独立, 因此可得随机变量 Y 的条件概率分布为

$$P(Y = k|N_m = K) = q^2,$$

$$P(Y = k+1|N_m = K) = \binom{2}{1}pq,$$

$$P(Y = k+2|N_m = K) = p^2.$$

其条件期望满足无记忆性 $E(Y|N_0, N_1, \cdots, N_m) = E(Y|N_m) = k(p+q)^2 + 2p(p+q)$.

很自然地, 若我们需要研究小车走到第 n 格一共投掷了几次骰子并记其为 T_n, 显然 $\{T_n; n \in \mathcal{N}\}$ 也是一个随机过程. 显然这里研究的 T_k 与上面讨论的 N_j 之间是有相关性的. 若 $T_k \leqslant j$, 即在时间 j 之前便已经走了 k 格, 那么 $N_j \geqslant k$, 换而言之在 j 时刻走过的格子数量一定大于等于 k. 更细致地我们可以考虑若 $T_k = j$, 即在时间点 j 时刚好走过了 k 个格子. 那么首先想到的便是 $N_j = k$, 其次第 j 次一定走了一个格子 $X_j = 1$, 再者 j 的前一时刻 $j-1$ 一定只走了 $k-1$ 个格子 $N_{j-1} = k-1$.

由以上性质我们可以通过 $\{N_n; n \in \mathcal{N}\}$ 的分布求解 $\{T_n; n \in \mathcal{N}\}$ 的分布:

(1) $P(T_k \leqslant n) = P(N_n \geqslant k) = \sum_{j=k}^{n} \binom{n}{j} p^j q^{n-j}$, 其中 $n = k, k+1, \cdots$;

(2) $P(T_k = n) = P(N_{n-1} = k-1, X_n = 1) = \binom{n-1}{k-1} p^{k-1} q^{n-k} \times p$, 其中 $n = k, k+1, \cdots$.

同样地, 我们发现 $\{T_n; n \in \mathcal{N}\}$ 也具有马尔可夫链的 "遗忘" 性:

对任意 $k, n \in \mathcal{N}$ 并且 $n \geqslant k, P(T_{k+1} = n | T_0, T_1, \cdots, T_k) = P(T_{k+1} = n | T_k)$.

即下一次发生的时间 T_{k+1} 只与当前此次发生的时间 T_k 相关, 而与之前若干次伯努利事件发生的时间 $T_0, T_1, \cdots, T_{k-1}$ 都是独立的. 若 $T_k = m, T_{k+1} = n$ 且 $n \geqslant m$, 我们可以得到

$$P(T_{k+1} = n | T_k = m) = p q^{n-m-1}.$$

我们可以理解为 $T_k = m$ 之后的 $n - m$ 次试验中最后一次是成功的而之前的 $n - m - 1$ 次都是失败的. 而通过简单的变形可得

$$P(T_{k+1} = n | T_k = m) = P(T_{k+1} - T_k = n - m | T_k = m)$$
$$= P(T_{k+1} - T_k = n - m) = p q^{n-m-1},$$

即连续的两次成功之间的时间间隔与前一次成功的时间 T_k 是相互独立的, 并且与之前已经成功的次数 k 也是相互独立的. 类似地计算 $P(T_{k+n} - T_k = m) = \binom{m-1}{n-1} p^{n-1} q^{m-n-1} \times p$, 其含义在于求在发生了 k 次之后正好经过时间 m 就发生 $k + n$ 次的概率. 我们可以在间隔的 $m - 1$ 次中选择 $n - 1$ 次使其成功, 并且最后一次必然成功.

4.2　马尔可夫链

我们再回顾下, 马尔可夫链是具有特定 "遗忘" 性的随机过程 $X = \{X_n; n \in \mathcal{N}\}$. 其基于过去状态对未来状态的条件概率仅依赖于当前状态 $P(X_{n+1}|X_0, X_1, \cdots, X_{n-1}, X_n) = P(X_{n+1}|X_n)$. 由于在马尔可夫链中, 该条件概率与下角标 n 无关, 我们记录 $P(X_{n+1} = i|X_n = j) = P(i, j)$. 将这些由当前状态 i 在下一步转移到状态 j 的概率总结到表格中:

$$\mathscr{P} = \begin{pmatrix} P(0,0) & P(0,1) & P(0,2) & \cdots \\ P(1,0) & P(1,1) & P(1,2) & \cdots \\ P(2,0) & P(2,1) & P(2,2) & \cdots \\ \vdots & \vdots & \vdots & \end{pmatrix},$$

就得到了一步转移矩阵 $\mathscr{P}$. 在矩阵 $\mathscr{P}$ 中, 每个元素都为概率. 由概率的公理得知矩阵 $\mathscr{P}$ 中的元素皆为非负实数. 并且矩阵 $\mathscr{P}$ 中的第 k 行的所有元素表示当前处于状态 k 并且下一步将处于所有可能状态的对应概率, 由全概率公式可知, 矩阵 $\mathscr{P}$ 中的每一行所有元素相加将正好等于 1, 即 $P(k,0) + P(k,1) + \cdots = 1$. 我们又称满足以上三个条件的方阵:

① $\mathscr{P}$ 与下角标 n 无关;

② 所有元素非负;

③ 每一行的所有元素相加为 1

为马尔可夫矩阵 (Markov matrix). 通过一步转移概率 $P(X_{n+1} = k|X_n = j) = P(j, k)$ 与 $P(X_n = j|X_{n-1} = i) = P(i, j)$, 我们可以计算两步转移概率:

$$P(X_{n+1} = k, X_n = j|X_{n-1} = i)$$
$$= P(X_{n+1} = k|X_n = j, X_{n-1} = i)P(X_n = j|X_{n-1} = i)$$
$$= P(X_{n+1} = k|X_n = j)P(X_n = j|X_{n-1} = i)$$
$$= P(j, k) P(i, j).$$

同理可推导多步推导概率:

$$P(X_{n+1} = i_{n+1}, X_n = i_n, X_{n-1} = i_{n-1}, \cdots, X_0 = i_0)$$
$$= \pi(i_0) P(i_0, i_1) \cdots P(i_n, i_{n+1}),$$

其中 $\pi(i_0)$ 表示状态空间 $\mathscr{C}$ 上的概率分布, 即处于 i_0 状态的概率.

有之前的两步转移概率, 若我们不关心中间状态 X_n, 那么

$$P(X_{n+1} = k|X_{n-1} = i) = \sum_{j \in \mathscr{C}} P(X_n = j|X_{n-1} = i)P(X_{n+1} = k|X_n = j)$$

$$= \sum_{j \in \mathscr{C}} P(i,j) P(j,k),$$

其中 $\mathscr{C}$ 为随机过程 $X = \{X_n; n \in \mathcal{N}\}$ 的状态空间. 我们恰巧发现 $\sum\limits_{j \in \mathscr{C}} P(i,j) \cdot$ $P(j,k)$ 正好是 $\mathscr{P}^2 = \mathscr{P}\mathscr{P}$ 的 i 行 k 列处的元素 $\mathscr{P}^2(i,k)$. 同理类推:

$$P(X_{n+2} = l|X_{n-1} = i)$$

$$= \sum_{k \in \mathscr{C}} P(X_{n+1} = l|X_n = k) \left(\sum_{j \in \mathscr{C}} P(X_{n+1} = k|X_n = j)P(X_n = j|X_{n-1} = i) \right)$$

$$= \sum_{k \in \mathscr{C}} P(k,l) \left(\sum_{j \in \mathscr{C}} P(j,k) P(i,j) \right)$$

$$= \sum_{k \in \mathscr{C}} P(k,l) \mathscr{P}^2(i,k).$$

由此可得三步转移概率恰好是 $\mathscr{P}^3 = \mathscr{P}^2\mathscr{P}$ 的 i 行 l 列处的元素 $\mathscr{P}^3(i,l)$. 因此我们记录 m 步转移概率:

$$P(X_{n+m} = j|X_n = i) = \mathscr{P}^m(i,j),$$

并且显然地有 $\mathscr{P}^{m+n} = \mathscr{P}^m\mathscr{P}^n$. 出于方便, 之后我们记录 $\mathscr{P}^m$ 中的元素为 $P^m(i,j)$.

利用以上性质对马尔可夫过程的多步转移概率矩阵进行实验: 首先我们假设一步转移矩阵为

$$P = \begin{pmatrix} 0.6 & 0.2 & 0.2 \\ 0.6 & 0 & 0.4 \\ 0.6 & 0.4 & 0 \end{pmatrix},$$

可以得到以下随机过程的示意图:

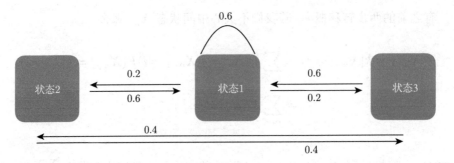

通过多步转移矩阵公式可以知道 $\mathscr{P}^2 = PP'$, $\mathscr{P}^3 = \mathscr{P}^2 P'$, $\mathscr{P}^{n+1} = \mathscr{P}^n P'$. 通过计算可得

```
> P <- matrix(c(0.6,0.2,0.2,0.6,0,0.4,0.6,0.4,0),c(3,3),byrow = T)
> P.2 <- P %*% P
> P.2
     [,1] [,2] [,3]
[1,]  0.6 0.20 0.20
[2,]  0.6 0.28 0.12
[3,]  0.6 0.12 0.28
> P.3 <- P.2%*%P
> P.3
     [,1]  [,2]  [,3]
[1,]  0.6 0.200 0.200
[2,]  0.6 0.168 0.232
[3,]  0.6 0.232 0.168
> P.4 <- P.3%*%P
> P.4
     [,1]   [,2]   [,3]
[1,]  0.6 0.2000 0.2000
[2,]  0.6 0.2128 0.1872
[3,]  0.6 0.1872 0.2128
> P.temp <- P
> for (i in 1:100) {
+   P.temp <- P.temp%*%P
+ }
> P.100 <- P.temp
> P.100
     [,1] [,2] [,3]
[1,]  0.6  0.2  0.2
[2,]  0.6  0.2  0.2
[3,]  0.6  0.2  0.2
```

```
>
> P.temp <- P
> for (i in 1:200) {
+   P.temp <- P.temp%*%P
+ }
> P.200 <- P.temp
> P.200
     [,1] [,2] [,3]
[1,]  0.6  0.2  0.2
[2,]  0.6  0.2  0.2
[3,]  0.6  0.2  0.2
```

我们通过实验发现 $\mathscr{P}^{100}$ 与 $\mathscr{P}^{200}$ 是一样的. 假设初始状态 $n = 0$ 时我们有对应状态空间 $\mathscr{C}$ 上的分布列 $\pi(0)$, 通过公式 $\pi(1) = P\pi(0)$ 可得到 $n = 1$ 时对应状态空间 $\mathscr{C}$ 上的分布列. 假设 $\pi(0) = (0.6, 0.2, 0.2)'$, 通过计算可得到 $\pi(1) = (0.6, 0.2, 0.2)'$. 我们观察到 $\pi = (0.6, 0.2, 0.2)'$ 这个分布列无论经过多少步转移都会等于其自身. 那如果我们更改初始分布列 $\pi(0) = (0.1, 0, 0.9)'$, 在经历多次转移后我们依然得到了 $\pi = (0.6, 0.2, 0.2)'$.

```
> pi.0 <- matrix(c(0.6,0.2,0.2),c(3,1))
> pi.0
     [,1]
[1,]  0.6
[2,]  0.2
[3,]  0.2
> t(pi.0) %*% P
     [,1] [,2] [,3]
[1,]  0.6  0.2  0.2
>
> pi.0 <- matrix(c(0.1,0,0.9),c(1,3))
> for (i in 1:20) {
+   pi.0 <- pi.0 %*% P
+   print(i)
+   print(pi.0)
+ }
[1] 1
     [,1] [,2] [,3]
[1,]  0.6 0.38 0.02
[1] 2
     [,1]  [,2]  [,3]
[1,]  0.6 0.128 0.272
```

```
[1] 3
      [,1]    [,2]    [,3]
[1,]   0.6 0.2288 0.1712
[1] 4
      [,1]     [,2]     [,3]
[1,]   0.6 0.18848 0.21152
[1] 5
      [,1]      [,2]      [,3]
[1,]   0.6 0.204608 0.195392
[1] 6
      [,1]       [,2]       [,3]
[1,]   0.6 0.1981568 0.2018432
[1] 7
      [,1]       [,2]       [,3]
[1,]   0.6 0.2007373 0.1992627
[1] 8
      [,1]       [,2]       [,3]
[1,]   0.6 0.1997051 0.2002949
[1] 9
      [,1]      [,2]      [,3]
[1,]   0.6 0.200118 0.199882
[1] 10
      [,1]       [,2]       [,3]
[1,]   0.6 0.1999528 0.2000472
[1] 11
      [,1]       [,2]       [,3]
[1,]   0.6 0.2000189 0.1999811
[1] 12
      [,1]       [,2]       [,3]
[1,]   0.6 0.1999925 0.2000075
[1] 13
      [,1]      [,2]      [,3]
[1,]   0.6 0.200003 0.199997
[1] 14
      [,1]       [,2]       [,3]
[1,]   0.6 0.1999988 0.2000012
[1] 15
      [,1]       [,2]       [,3]
[1,]   0.6 0.2000005 0.1999995
[1] 16
```

```
        [,1]        [,2]        [,3]
[1,]    0.6 0.1999998 0.2000002
[1] 17
        [,1]        [,2]        [,3]
[1,]    0.6 0.2000001 0.1999999
[1] 18
        [,1] [,2] [,3]
[1,]    0.6  0.2  0.2
[1] 19
        [,1] [,2] [,3]
[1,]    0.6  0.2  0.2
[1] 20
        [,1] [,2] [,3]
[1,]    0.6  0.2  0.2
```

可得存在这样的分布列 π, 该分布列满足: $\pi P = \pi$, 即 $\pi' - \pi' P = \pi'(I - P) = 0$. 因此若已知一步转移概率矩阵 P, 需要求解满足以上条件的分布列 π, 可通过解线性方程 $\pi'(I - P) = 0$ 得到该特殊分布 π, 其中我们称 $\pi'(I - P) = 0$ 为全局均衡方程组.

我们称这样不论再经过多少步都不会改变的分布函数为稳态分布. 而求稳态分布的常用方法: ① 求解转移概率的极限, 其极限中任意一行的概率都为稳态分布; ② 通过求解全局均衡方程组 $\pi'(I - P) = 0$ 求解稳态概率分布.

之后我们将利用马尔可夫过程的均衡分布的特征对特定分布的随机变量进行抽样. 在之后的 4.4 节中我们将简单地对 MCMC 方法进行介绍, 让同学们对 MCMC 的核心思想有所了解, 并能将算法在 R 中实现.

4.3   贝叶斯中的积分问题

我们简单回顾一下贝叶斯统计中的简单概念. 对于服从分布函数 f 的随机变量 $x \sim f$, 其中分布函数中含有未知参数 θ. 贝叶斯统计将未知参数 θ 也看作随机变量, 并根据先前的科学研究或假设对未知参数假设随机分布 $\theta \sim g$, 我们称随机分布 g 为先验分布 (prior distribution). 贝叶斯统计试图通过 f 的抽样 $X = (x_1, x_2, \cdots, x_n)$ 得到随机参数 θ 的条件概率分布 $f_{\theta|X}$, 我们称 $f_{\theta|X}$ 为后验分布 (posterior distribution). 由贝叶斯公式可得

$$f_{\theta|X}(\theta|X) = \frac{P(\theta, X)}{P(X)}$$

$$= \frac{P(X|\theta)P(\theta)}{\sum_{\theta} P(X,\theta)}$$

$$= \frac{P(X|\theta)P(\theta)}{\sum_{\theta} P(X|\theta)P(\theta)}$$

$$= \frac{f(X|\theta)g(\theta)}{\int_{\theta} f(X|\theta)g(\theta)\,d\theta},$$

其中我们通常只计算分子部分 $f(X|\theta)g(\theta)$, 如果 θ 的先验分布 $g(\theta)$ 对于 $f(x|\theta)$ 是共轭的 (conjugate), 则可以根据 $f(X|\theta)g(\theta)$ 的形式猜测后验分布的函数形式, 并得到分母积分的常数值 $\int_{\theta} f(X|\theta)g(\theta)\,d\theta$. 但一般情况下后验分布函数的常数部分 $\int_{\theta} f(X|\theta)g(\theta)\,d\theta$ 通常较难以确定, 而这显然会对基于后验分布的统计分析产生显著的影响, 例如求 θ 的后验均值

$$E(\theta) = \int_{\theta} \theta f_{\theta|X}(\theta|X)d\theta$$

作为未知参数的矩估计. 因此便想到利用蒙特卡罗积分进行求解.

简单地我们可以从分布 $f_{\theta|X}$ 中产生样本 $\theta_1, \theta_2, \cdots, \theta_n$, 并计算其样本均值作为积分值 $E(\theta) = \int_{\theta} \theta f_{\theta|X}(\theta|X)d\theta$ 的估计. 但从分布 $f_{\theta|X}$ 中产生可靠的随机样本并不简单, 因此便引入了马尔可夫过程, 由其产生可靠的目标函数随机样本.

由大数定律得, 若 θ_i 是稳态分布为 $f_{\theta|X}$ 的马尔可夫过程产生的随机变量, 则

$$\bar{\theta} = \frac{1}{m}\sum_{i=1}^{m}\theta_i$$ 以概率 1 收敛于 $E(\theta)$, 当 $m \to \infty$.

4.4   Metropolis-Hastings 算法

Metropolis-Hastings 算法 (MH 算法) 是 MCMC 算法中最常用的一类算法, Gibbs 抽样方法 (Gibbs sampler), 独立抽样方法 (independence sampler) 和随机行走 (random walk) 都是 MH 算法的特殊情况. 其核心思想在于生成马尔可夫链 $\{X_n; n \in \mathcal{N}\}$, 并使得该马尔可夫链的稳态概率分布为目标分布函数. 其关键步骤在于构造恰当的一步转移概率, 即如何在状态 X_n 下生成下一时刻状态 X_{n+1}. 在 MH 算法中, 类似于接受-拒绝法, 我们从提议的抽样分布 (proposal distribution)$h(Y|X_n)$ 中产生样本 Y. 若接受该样本, 下一时刻 $n+1$ 马尔可夫

链移动到该状态 $X_{n+1} = Y$, 否则马尔可夫链在下一时刻继续停留在当前位置 $X_{n+1} = X_n$. 在 MH 方法中提议的抽样分布可以基于当前状态, 例如提议的分布是正态分布, 则可以使用均值为当前状态 $\mu = X_n$ 而方差为固定值 σ^2 的提议分布 $N(\mu = X_n, \sigma^2)$. 提议的分布在 MH 方法中可以相对比较随意, 只需其满足一定的规律性条件, 具体理论结果可在其他教材中查找.

4.4.1 Metropolis-Hastings 抽样方法

Metropolis-Hastings 抽样方法产生马尔可夫链的大致步骤如下:

(1) 选择恰当的提议抽样分布 $h(Y|X_n)$.

(2) 从提议抽样分布 $h(Y|X_n)$ 中产生起始点 X_0.

(3) 从提议抽样分布 $h(Y|X_n)$ 中产生可能的下一时刻状态 Y,

① 从均匀分布 $U \sim U(0,1)$ 中生成随机的判别值 U;

② 如果 $U \leqslant \dfrac{f(Y)\,h(X_n|Y)}{f(X_n)\,h(Y|X_n)}$, 我们则接受 Y 作为下一时刻状态 $X_{n+1} = Y$, 否则停留在当前状态 $\mu = X_n$.

(4) 循环以上步骤 (3) 产生马尔可夫链.

在以上步骤中我们计算得到接受某个可能的下一步状态 Y 的条件概率为

$$P(\text{accept}|X_n) = \min\left(1, \frac{f(Y)\,h(X_n|Y)}{f(X_n)\,h(Y|X_n)}\right).$$

以下解释可帮助感性上理解算法: 将 $\dfrac{f(Y)\,h(X_n|Y)}{f(X_n)\,h(Y|X_n)}$ 拆解为 $\dfrac{f(Y)}{h(Y|X_n)} \bigg/ \dfrac{f(X_n)}{h(X_n|Y)}$, 其中 $\dfrac{f(Y)}{h(Y|X_n)}$ 可理解为 Y 来自于目标分布的概率 $f(Y)$ 与来自于提议抽样分布的概率 $h(Y|X_n)$ 的比值; 类似地, 也可以理解 $\dfrac{f(X_n)}{h(X_n|Y)}$. 当 $\dfrac{f(Y)}{h(Y|X_n)}$ 较大时, 则 Y 更有可能来自于目标分布, 同理当 $\dfrac{f(X_n)}{h(X_n|Y)}$ 较大时, 则 X_n 更有可能来自于目标分布. 当 $\dfrac{f(Y)}{h(Y|X_n)} \bigg/ \dfrac{f(X_n)}{h(X_n|Y)}$ 中的被除数大于除数时, 则与 X_n 相较 Y 更可能来自于目标函数. 每次选取下一步时我们都朝着更可能来自于目标分布的方向前进, 则最终该马尔可夫链中产生的新的状态 X_n 便服从目标分布 f.

例 1 生成 $x \sim \chi^2(3)$ 的随机变量.

我们以此为例子展示如何使用 MH 抽样方法. 在该例子中我们选择了以当前状态 X_n 为期望, 方差固定 $\sigma^2 = 1$ 的正态分布 $Y \sim N(X_n, \sigma^2)$. 同学们可以自行尝试其他提议抽样分布在该例子中的表现.

(1) 任选一个起始参数 $\mu = 50$, 并从正态分布 $N(\mu, \sigma^2)$ 中产生起始点状态 $X_0 \sim N(\mu, \sigma^2)$.

(2) 从 $Y \sim N(X_n, \sigma^2)$ 中产生下一时间点的状态 X_{n+1}, 一共产生 2000 个时间点的随机过程.

① 从 $N(X_n, \sigma^2)$ 中产生随机变量 Y;

② 计算 $\dfrac{f(Y)\,h(X_n|Y)}{f(X_n)\,h(Y|X_n)}$ 得到接受状态 Y 的阈值;

③ 产生服从均匀分布的随机判别值 $u \sim U(0,1)$;

④ 若 $u \leqslant \dfrac{f(Y)\,h(X_n|Y)}{f(X_n)\,h(Y|X_n)}$, 则接受 Y 作为下一时间点的状态, $X_{n+1} = Y$, 否则下一时间点保持当前状态 $X_{n+1} = X_n$.

(3) 画出 X_n 关于时间点 n 的散点图, 其中 $n = 0, 1, 2, \cdots, 2000$.

(4) 进行判别, 将收敛前的随机过程舍去 (burn in), 保留收敛 (convergence) 后的随机过程部分 (图 4.4.1), 可作为随机变量 $x \sim \chi^2(3)$ (图 4.4.2).

```
h <- function(x){
  y <- rnorm(1,x,1)
  ratio <- (dchisq(y,3)*dnorm(x,y,1))/(dchisq(x,3)*dnorm(y,x,1))
  u <- runif(1,0,1)
  if(u<=ratio){
    result <- y
  }else{
    result <- x
  }
  return(result)
}
x <- vector("numeric")
x <- append(x,rnorm(1,50,1))
for (i in 1:2000) {
  x <- append(x,h(x[i]))
}
#绘制X_n关于n的散点图
x.axi <- c(0:2000)
plot(x.axi,x,type="l")
#绘制卡方分布的QQ图
test <- x[1001:2000]
examp <- qchisq(seq(from=0,to=1,length.out=1000),3)
plot(sort(test),sort(examp))
hist(test,probability = T)
```

```
val <- seq(0,10,0.5)
y.val <- dchisq(val,3)
lines(val,y.val)
```

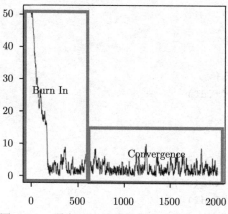

图 4.4.1　马尔可夫链收敛部分及其舍去部分

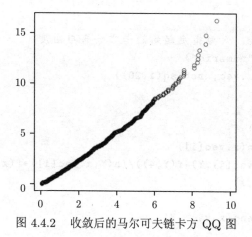

图 4.4.2　收敛后的马尔可夫链卡方 QQ 图

在这个实验中, 我们尝试去观察马尔可夫链逐渐收敛到目标分布的过程. 假设我们的目标分布如下:

$$f(x) = \frac{x}{\sigma^2} \exp\left(\frac{-x^2}{2\sigma^2}\right).$$

我们提议的抽样分布为自由度依赖于当前状态 X_n 的卡方分布 $Y \sim \chi^2(X_n)$. 在实验中我们生成马尔可夫链的 4000 个时间点对应状态, 并且每 1000 个样本制作一个概率直方图并在图上画出标准概率密度曲线. 我们从 $\sigma = 4$ 的目标分布中产生随机变量.

```
#构造f函数
f <- function(x,sigma){
  if (any(x < 0)) return (0)
  result <- (x / sigma^2) * exp(-x^2 / (2*sigma^2))
  return(result)
}


#构造h概率函数
h <- function(x,df){
  result <- dchisq(x,df)
  return(result)
}


#构造h分布随机变量生成函数
h.generate <- function(df){
  result <- rchisq(1,df)
  return(result)
}


#初始化马尔可夫链，人为指定起始的卡方分布自由度
x.vec <- vector("numeric")
x.vec <- append(x.vec, rchisq(1,20))


#生成4000个随机变量
for (i in 1:4000) {
  Y <- h.generate(x.vec[i])
  ratio <- (h(x.vec[i],Y)*f(Y,4))/(h(Y,x.vec[i])*f(x.vec[i],4))
  u <- runif(1,0,1)
  if(u<=ratio){
    x.vec <- append(x.vec, Y)
  }else{
    x.vec <- append(x.vec, x.vec[i])
  }
}


x.val <- c(0:4000)
plot(x.val, x.vec, type="l")


x.val <- c(0:100)
plot(x.val, x.vec[1:101], type="l")
```

从图 4.4.3 上几乎看不到需要舍去的部分, 我们将 0 到 100 的马尔可夫链画出 (图 4.4.4), 则可清晰地看到其收敛过程.

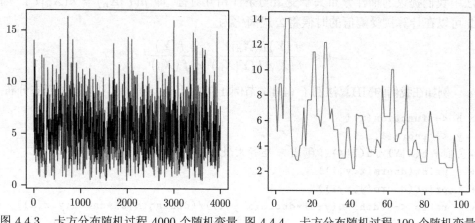

图 4.4.3 卡方分布随机过程 4000 个随机变量 图 4.4.4 卡方分布随机过程 100 个随机变量

由于在本次实验中收敛速度太快了, 以至于在图 4.4.5 中仍然可以看到样本分布与目标分布有一定的区别, 但从图 4.4.6 开始就几乎收敛到了目标分布. 同学们可以将上一个实验产生的 2000 个样本按照本实验的规则以 500 个样本为一组绘制概率直方图, 同样可以看到 MH 方法的收敛过程.

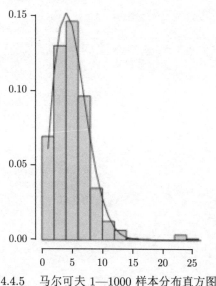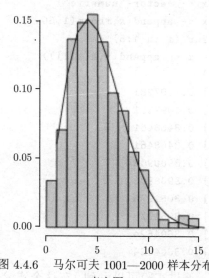

图 4.4.5 马尔可夫 1—1000 样本分布直方图 图 4.4.6 马尔可夫 1001—2000 样本分布直方图

4.4.2　Metropolis 抽样方法

Metropolis 方法是 Metropolis-Hastings 方法的特殊情况. 在 Metropolis 方法中我们提议的抽样分布关于变量与条件相互对称, 即 $h(Y|X_n) = h(X_n|Y)$. 因此可以在计算接受阈值的时候将公式简化为

$$u \leqslant \frac{f(Y) h(X_n|Y)}{f(X_n) h(Y|X_n)} = \frac{f(Y)}{f(X_n)}.$$

例如在我们的MH算法例子 (4.4.1 节例 1) 中使用的均值为当前状态的正态分布.

```
> h <- function(x){
  y <- rnorm(1,x,1)
#我们将h(X|Y)与h(Y|X)打印出来进行对比
+   print(dnorm(x,y,1))
+   print(dnorm(y,x,1))
+   ratio <- (dchisq(y,3)*dnorm(x,y,1))/(dchisq(x,3)*dnorm(y,x,1))
+   u <- runif(1,0,1)
+   if(u<=ratio){
+     result <- y
+   }else{
+     result <- x
+   }
+   return(result)
+ }
> x <- vector("numeric")
> x <- append(x,rnorm(1,50,1))
> for (i in 1:5) {
+   x <- append(x,h(x[i]))
+ }
[1] 0.1097281
[1] 0.1097281
[1] 0.3458461
[1] 0.3458461
[1] 0.3908903
[1] 0.3908903
[1] 0.3051976
[1] 0.3051976
[1] 0.3604624
[1] 0.3604624
```

通过实验可以看到, 在这个实验中我们选取的抽样分布确实满足 $h(Y|X_n) = h(X_n|Y)$. 因此我们可以简化判别条件为 Metropolis 抽样方法的格式.

4.4.3 随机行走 Metropolis 方法

对于 Metropolis 抽样方法中的抽样函数, 我们可以通过 $h(Y|X_n) = h(Y - X_n)$ 的方式进行构造, 现在得到的抽样分布依然满足对称性. 由此启发, 可以不产生随机变量 Y, 而类似地产生一个 $\delta = Y - X_n$, 而增量 δ 可以与 Y 和 X_n 都相互独立, 例如我们可以假设 $\delta \sim N\left(0, \sigma^2\right)$. 在该假设下可得 $Y = X_n + \delta \sim N\left(X_n, \sigma^2\right)$, 与 4.4.1 节例 1 相同.

在此方法下我们的状态值便在进行增量为 δ 的随机行走. 在随机行走 Metropolis 方法中, 马尔可夫链的收敛性及收敛速度受随机增量分布的离散程度显著影响. 若离散程度过小, 则生成的几乎每一个 Y 都会被接受, 而马尔可夫链将表现得类似于真实的随机行走 (图 4.4.7), 因此其收敛效率偏低. 反之, 若离散程度过大, 则生成的几乎每一个 Y 都会被拒绝 (图 4.4.10), 同样收敛效率也偏低. 最终我们观察到, 调整离散参数的目标在于产生合适的接受概率 (图 4.4.8 和图 4.4.9). 通常情况下, 我们希望 Y 的接受概率在 0.15 到 0.5 之间.

我们采用随机行走 Metropolis 方法再次对卡方分布的随机变量进行抽样. 在此假设增量 δ 服从正态分布 $N\left(0, \sigma^2\right)$, 因此下一时刻可能的状态 $Y = X_n + \delta \sim N\left(X_n, \sigma^2\right)$. 由于抽样分布为对称分布, 则判别条件变为

$$u \leqslant \frac{f\left(X_n + \delta\right)}{f\left(X_n\right)}.$$

在本实验中, 我们主要测试不同的抽样方差对于收敛的影响. 我们在实验中分别创建 4 条马尔可夫链, 它们的标准差分别为 $\sigma = \{0.05, 0.5, 5, 50\}$ (图 4.4.7—图 4.4.14).

```
> Metropolis.rw <- function(sigma){
+   x <- vector("numeric")
+   x <- append(x,rnorm(1,0,sigma))
+   n <- 0
+   for(i in 1:2000){
+     delta <- rnorm(1,0,sigma)
+     y <- x[i]+delta
+     u <- runif(1,0,1)
+     ratio <- dchisq(y,3)/dchisq(x[i],3)
+     if(u<=ratio){
+       x <- append(x,y)
+     }else{
+       x <- append(x,x[i])
+       n <- n+1
```

```
+       }}
+    print(n)
+    return(x)
+ }
> x.0.05 <- Metropolis.rw(0.05)
[1] 31
> x.0.5 <- Metropolis.rw(0.5)
[1] 208
> x.5 <- Metropolis.rw(5)
[1] 1198
> x.50 <- Metropolis.rw(50)
[1] 1894
> x.axi <- c(0:2000)
> plot(x.axi, x.0.05, type = "l")
> plot(x.axi, x.0.5, type = "l")
> plot(x.axi, x.5, type = "l")
> plot(x.axi, x.50, type = "l")
> x.chi <- seq(0,50,0.5)
> y.chi <- dchisq(x.chi,3)
> hist(x.0.05,probability=T)
> lines(x.chi,y.chi)
> hist(x.0.5,probability=T)
> lines(x.chi,y.chi)
> hist(x.5,probability=T)
> lines(x.chi,y.chi)
> hist(x.50,probability=T)
> lines(x.chi,y.chi)
```

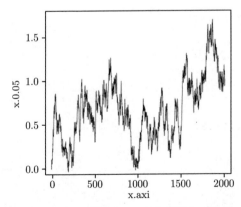

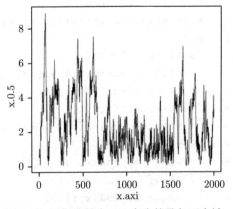

图 4.4.7   标准差为 0.05 产生的马尔可夫链   图 4.4.8   标准差为 0.5 产生的马尔可夫链

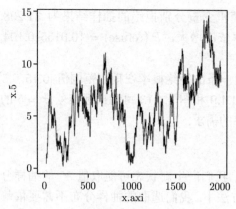

图 4.4.9   标准差为 5 产生的马尔可夫链

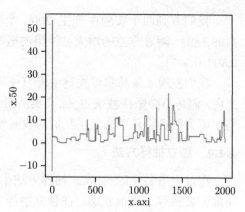

图 4.4.10   标准差为 50 产生的马尔可夫链

Histogram of x.0.05

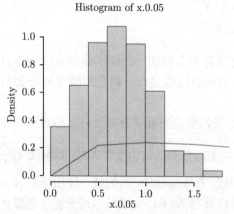

图 4.4.11   标准差为 0.05 的随机变量直方图

Histogram of x.0.5

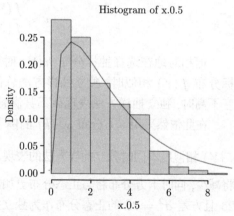

图 4.4.12   标准差为 0.5 的随机变量直方图

Histogram of x.5

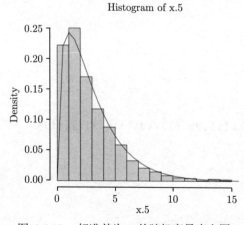

图 4.4.13   标准差为 5 的随机变量直方图

Histogram of x.50

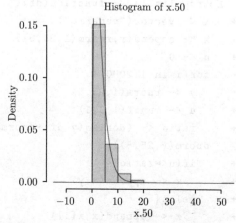

图 4.4.14   标准差为 50 的随机变量直方图

我们看到四个实验中产生 2000 个随机变量分别拒绝的抽样结果为 31,208, 1198,1894. 随着方差的增大被拒绝的概率依次增大, $P(\text{refuse}) = \{0.0155, 0.104, 0.599, 0.947\}$.

我们发现 4 条马尔可夫链中没有任何一条的拒绝概率在期望范围值 $[0.15, 0.5]$ 之内. 但是不必坚持教条主义, 其实从图 4.4.9 和图 4.4.13 可看出标准差 $\sigma = 5$ 的马尔可夫链已经几乎满足了我们对收敛性的需求.

4.4.4　独立抽样方法

在以上三种 Metropolis 抽样方法中, 我们产生新状态可能取值 Y 的抽样分布都需要依赖于当前状态. 在独立抽样方法中, 我们选取的抽样分布不需要依赖于当前状态. 由此接受与拒绝的判别条件改写为

$$u \leqslant \frac{f(Y)\,h(X_n)}{f(X_n)\,h(Y)}.$$

但相对地在选择抽样分布 $h(Y)$ 时便没有那么自由. 当抽样分布 $h(Y)$ 与目标分布 $f(Y)$ 相似时, 独立抽样方法总体表现会比较良好. 但是当两个分布相似度不高时, 独立抽样方法表现就不甚满意.

在此依然采用卡方分布 $\chi^2(k)$ 的例子, 我们实验当抽样分布 $h(Y)$ 与目标分布 $f(Y)$ 相似度不同时独立抽样方法的表现. 当卡方分布的自由度增大时, 其偏度 $\sqrt{\dfrac{8}{k}}$ 将减少, 同时卡方分布将与正态分布更加相似. 在本实验中, 我们统一使用均值 $\mu = 25$ 且方差 $\sigma^2 = 25$ 的正态分布作为独立抽样分布 $h(Y)$. 4 条马尔可夫链分别拟合目标函数自由度为 $k = \{1, 5, 25, 50\}$ 的卡方分布 (图 4.4.15—图 4.4.18).

```
> Metropolis.is <- function(df){
+   x <- vector("numeric")
+   x <- append(x,rnorm(1,25,5))
+   n <- 0
+   for(i in 1:2000){
+     y <- rnorm(1,25,5)
+     u <- runif(1,0,1)
+     ratio <- (dchisq(y,df)*dnorm(x[i],25,5))/(dchisq(x[i],df)*
    dnorm(y,25,5))
+     if(u<=ratio){
+       x <- append(x,y)
+     }else{
+       x <- append(x,x[i])
+       n <- n+1
```

```
+      }
+    }
+    print(n)
+    return(x)
+ }
> x.1 <- Metropolis.is(1)
[1] 1953
> x.5 <- Metropolis.is(5)
[1] 1916
> x.25 <- Metropolis.is(25)
[1] 430
> x.50 <- Metropolis.is(50)
[1] 1961
x.chi <- seq(0,50,0.5)
> hist(x.1,probability=T)
> y.chi <- dchisq(x.chi,1)
> lines(x.chi,y.chi)
> hist(x.5,probability=T)
> y.chi <- dchisq(x.chi,5)
> lines(x.chi,y.chi)
> hist(x.25,probability=T)
> y.chi <- dchisq(x.chi,25)
> lines(x.chi,y.chi)
> hist(x.50,probability=T)
> y.chi <- dchisq(x.chi,50)
> lines(x.chi,y.chi)
```

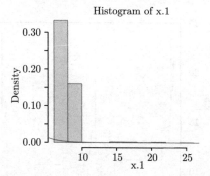

图 4.4.15   独立抽样对卡方 1 分布抽样

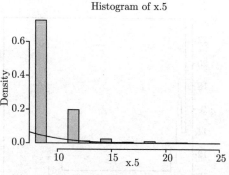

图 4.4.16   独立抽样对卡方 5 分布抽样

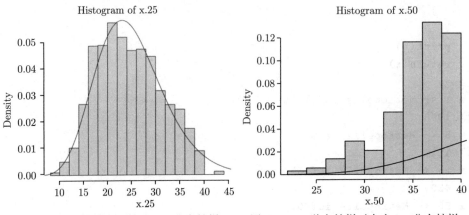

图 4.4.17   独立抽样对卡方 25 分布抽样   图 4.4.18   独立抽样对卡方 50 分布抽样

通过实验发现当目标分布与我们抽样的分布差别较大时, 独立抽样方法接受该样本为马尔可夫链下一时刻状态的概率将显著降低. 当生成自由度为 25 的卡方分布的时候, 目标分布 $f(x)$ 与抽样分布 $h(x)$ 相似度较高, 此时接受概率为 0.785. 但当生成自由度为 1, 5 或 50 的卡方分布时, 由于目标分布与抽样分布差别较大, 接受概率都不足 0.1. 将生成的抽样结果全部绘制成直方图 (图 4.4.19—图 4.4.22), 我们可以发现只有自由度为 25 的卡方分布实验结果与目标函数接近, 而其余 3 个实验结果与目标函数都相去甚远. 究其原因, 可以从图中看出. 在图 4.4.19、图 4.4.20、图 4.4.22 中我们看到马尔可夫链完全没有收敛的迹象, 而图 4.4.21 中的马尔可夫链却正常收敛了. 当马尔可夫链没有收敛时, 抽样样本的分布, 也就是状态分布列, 并不服从目标函数. 换而言之, 当马尔可夫链没有收敛时抽取的样本并不能认为来自于目标函数. 因此直方图中展现的结果与随机过程折线图中的结果相吻合.

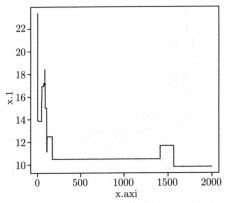
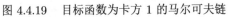
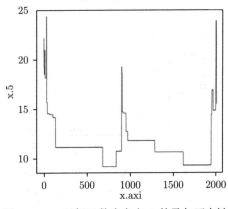

图 4.4.19   目标函数为卡方 1 的马尔可夫链   图 4.4.20   目标函数为卡方 5 的马尔可夫链

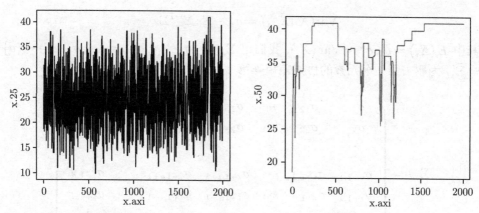

图 4.4.21　目标函数为卡方 25 的马尔可夫链　图 4.4.22　目标函数为卡方 50 的马尔可夫链

4.4.5 Gibbs 抽样方法

面对一元随机变量抽样问题时, 以上方法都比较容易实现. 但对于多元高维随机变量抽样问题, 我们通常采用 Gibbs 抽样方法. Gibbs 抽样方法需要多元目标分布函数的边际分布为已知且容易进行抽样的分布, Gibbs 抽样法从它的已知边际分布中产生马尔可夫链. 因此产生的所有下一时刻备选状态 Y 都将被接受.

对于 d 维随机变量 $\tilde{X} = (X_1, X_2, \cdots, X_d)$, 定义其删失特定 X_i 的 $d-1$ 维随机变量为 $\tilde{X}_{-i} = (X_1, X_2, \cdots, X_{i-1}, X_{i+1}, \cdots, X_d)$. 若对于每一个 $X_i(i = 1, 2, \cdots, d)$ 都存在一元条件边际分布函数 $f(X_i|\tilde{X}_{-i})$, 则 Gibbs 抽样方法将分别从 d 个边际分布中产生马尔可夫随机链. 我们定义随机链中第 t 个时刻的变量 X_i 的状态为 $X_i(t)$, 随机向量在 t 时刻的状态值为 $\tilde{X}(t)$. 那么 Gibbs 抽样方法的步骤如下:

(1) 在起始点 $t = 0$ 处为算法赋初始值 $\tilde{X}(0)$.

(2) 基于时刻 t 的随机变量 $\tilde{X}(t)$, 对每一个一元随机变量 X_i:

① 从对应条件边际分布中产生随机变量 $Y_i \sim f(Y|\tilde{X}_{-i}(t))$;

② 令 $X_i(t+1) = Y$.

(3) 更新随机变量在时刻 $t+1$ 的状态 $\tilde{X}(t+1) = (X_1(t+1), X_2(t+1), \cdots, X_d(t+1))$.

(4) 重复第 (2), (3) 步直到生成足够量的随机向量.

在此我们实验产生多元正态分布随机向量 $\tilde{X} = (X_1, X_2, \cdots, X_d)' \sim MVN_d(\tilde{\mu}, \Sigma)$. 对于 $X_i \in \tilde{X}$, 由多元正态分布的性质可得 X_i 的条件概率分布 $f(X_i|\tilde{X}_{-i})$ 为一元正态分布. 其条件期望与条件方差分别为

$$E(X_i|X_{-i}) = \mu_i + \tilde{\Sigma}_{i*}\Sigma_{-i}^{-1}\left(\tilde{X}_{-i} - \tilde{\mu}_{-i}\right),$$

$$\text{Var}(X_i|\tilde{X}_{-i}) = \sigma_i^2 - \tilde{\Sigma}_{i*}\Sigma_{-i}^{-1}\tilde{\Sigma}_{*i},$$

其中 $E(X_i) = \mu_i, \sigma_i^2 = \text{Var}(X_i)$, 我们记 $\tilde{\Sigma}_{i*} = \{\sigma_{i1}, \sigma_{i2}, \cdots, \sigma_{i,i-1}, \sigma_{i,i+1}, \cdots, d\}$ $= \tilde{\Sigma}_{*i}'$ 为删去第 i 个元素的协方差矩阵第 i 行向量,

$$\Sigma_{-i} = \begin{pmatrix} \sigma_{11} & \sigma_{12} & \cdots & \sigma_{1,i-1} & \sigma_{1,i+1} & \cdots & \sigma_{1d} \\ \sigma_{21} & \sigma_{22} & \cdots & \sigma_{2,i-1} & \sigma_{2,i+1} & \cdots & \sigma_{2d} \\ \vdots & \vdots & & \vdots & \vdots & & \vdots \\ \sigma_{i-1,1} & \sigma_{i-1,2} & \cdots & \sigma_{i-1,i-1} & \sigma_{i-1,i+1} & \cdots & \sigma_{i-1,d} \\ \sigma_{i+1,1} & \sigma_{i+1,2} & \cdots & \sigma_{i+1,i-1} & \sigma_{i+1,i+1} & \cdots & \sigma_{i+1,d} \\ \vdots & \vdots & & \vdots & \vdots & & \vdots \\ \sigma_{d1} & \sigma_{d2} & \cdots & \sigma_{d,i-1} & \sigma_{d,i+1} & \cdots & \sigma_{dd} \end{pmatrix}$$

为删去第 i 行与第 i 列后的协方差矩阵.

采用 Gibbs 抽样方法, 从条件边际分布

$$f(X_i|\tilde{X}_{-i}) \sim N\left(E(X_i|\tilde{X}_{-i}), \text{Var}(X_i|\tilde{X}_{-i})|\tilde{X}_{-i}\right)$$

中进行抽样并生成马尔可夫链.

(1) 对马尔可夫链的初始位置进行赋值 $\tilde{X}(0)$.

(2) 对随机变量中的所有分量 $X_i(i = 1, 2 \cdots, d)$ 分别:

① 从边际条件分布 $f(Y|\tilde{X}_{-i}(t))$ 中产生下一时刻 $X_i(t+1)$ 的状态备选值 Y;

② 对分量 X_i 的下一时刻进行赋值 $X_i(t+1) = Y$.

(3) 得到整体随机变量的下一时刻状态值 $\tilde{X}(t+1) = (X_1(t+1), X_2(t+1), \cdots, X_d(t+1))$.

(4) 重复 (2), (3) 两个步骤, 直到生成足够长的马尔可夫链.

本次我们实验 $\tilde{X} = (X_1, X_2)' \sim MVN_2(\tilde{\mu}, \Sigma)$, 其中 $\tilde{\mu} = (-2, 2)'$, 协方差矩阵满足参数为 0.25 的移动平均 MA(1) 模型,

$$\Sigma = \begin{pmatrix} 1 & 0.25 \\ 0.25 & 1 \end{pmatrix}.$$

```
> N <- 5000                    #一共产生长度为5000的随机链
> burn <- 1000                 #前1000个样本作为收敛前的burn in
> X <- matrix(0, N, 2)
> rho <- 0.25
```

```
> mu1 <- -2
> mu2 <- 2
> sigma1 <- 1
> sigma2 <- 1
> s1 <- sqrt(1-rho^2)*sigma1
> s2 <- sqrt(1-rho^2)*sigma2

> X[1, ] <- c(mu1, mu2)    #马尔可夫链的起点为均值
> for (i in 2:N) {
+    x2 <- X[i-1, 2]
+    m1 <- mu1 + rho * (x2 - mu2) * sigma1/sigma2
+    X[i, 1] <- rnorm(1, m1, s1)
+    x1 <- X[i, 1]
+    m2 <- mu2 + rho * (x1 - mu1) * sigma2/sigma1
+    X[i, 2] <- rnorm(1, m2, s2)
}

> b <- burn + 1
> x <- X[b:N, ]
> colMeans(x)
[1] -2.003525  2.003763
> cov(x)
          [,1]      [,2]
[1,] 1.020323 0.242357
[2,] 0.242357 1.006439
> cor(x)
            [,1]        [,2]
[1,] 1.0000000 0.2391625
[2,] 0.2391625 1.0000000
```

```
plot(x)
```

实验中由于随机向量为二维随机向量, 我们经计算可得到

$$E(X_1|X_2) = \mu_1 + \frac{\rho\sigma_1}{\sigma_2}(X_2 - \mu_2), \quad \mathrm{Var}(X_1|X_2) = \left(1 - \rho^2\right)\sigma_1^2.$$

由此可将算法简化. 从结果的一阶矩与二阶矩中可看到生成的随机变量可认为来自于目标分布函数. 作图结果可见图 4.4.23.

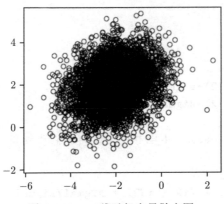

图 4.4.23　二维随机向量散点图

思考与习题

1. 已知 $\{N_n; n \in \mathcal{N}\}$ 是伯努利随机过程 $\{X_i; i \in \mathcal{N}\}$ 的前 n 项加和 $N_n = X_0 + X_1 + \cdots + X_n$, 其中每次试验相互独立且成功概率为 p. 请计算条件期望 $E(N_{10} | N_4 = k)$.

2. 已知 $\{N_n; n \in \mathcal{N}\}$ 是伯努利随机过程 $\{X_i; i \in \mathcal{N}\}$ 的前 n 项加和 $N_n = X_0 + X_1 + \cdots + X_n$, 其中每次试验相互独立且成功概率为 p. 请计算期望 $E(N_{10} \times N_4)$.

3. 已知 $\{N_n; n \in \mathcal{N}\}$ 是伯努利随机过程 $\{X_i; i \in \mathcal{N}\}$ 的前 n 项加和 $N_n = X_0 + X_1 + \cdots + X_n$, 其中每次试验相互独立且成功概率为 p. 请计算条件期望 $E(N_{10} \times N_4 | N_2 = k - 1, N_3 = k)$.

4. 已知一马尔可夫过程中一步转移概率为 $\mathscr{P} = \begin{pmatrix} 0 & 0.5 & 0.5 \\ 0.5 & 0 & 0.5 \\ 0.5 & 0.5 & 0 \end{pmatrix}$, 请写出该随机过程的 3 步转移概率矩阵 $\mathscr{P}^3$.

5. 已知一马尔可夫过程中两步转移概率为 $\mathscr{P}^2 = \begin{pmatrix} 0.5 & 0.25 & 0.25 \\ 0.25 & 0.5 & 0.25 \\ 0.25 & 0.25 & 0.5 \end{pmatrix}$, 请求出该矩阵的特征值与特征向量. 并利用该特征向量与特征值的平方构建新的矩阵. 猜测该矩阵的含义.

6. 已知一马尔可夫过程中两步转移概率为 $\mathscr{P}^2 = \begin{pmatrix} 0.5 & 0.25 & 0.25 \\ 0.25 & 0.5 & 0.25 \\ 0.25 & 0.25 & 0.5 \end{pmatrix}$, 请

求出该矩阵的特征值与特征向量. 并利用该特征向量与特征值的 5 次方构建 10 步转移矩阵.

7. 已知一马尔可夫过程中一步转移概率为 $P = \begin{pmatrix} 0 & 0.5 & 0.5 \\ 0.5 & 0 & 0.5 \\ 0.5 & 0.5 & 0 \end{pmatrix}$，请问该随机过程是否存在稳态分布. 若存在请直接写出稳态分布 π.

8. 求解全局均衡方程 $\pi'(I-P) = 0$ 的非零解 π，其中 $P = \begin{pmatrix} 0 & 0.5 & 0.5 \\ 0.5 & 0 & 0.5 \\ 0.5 & 0.5 & 0 \end{pmatrix}$.

9. 基于自由度为 X_t 的卡方抽样分布 $h(X_{t+1}|X_t) \sim \chi^2(X_t)$，采用 Metropolis-Hastings 抽样方法产生标准正态分布 $N(0,1)$ 随机变量, 并通过 QQ 图进行检验.

10. 基于自由度为 X_t 的 student-t 抽样分布 $h(X_{t+1}|X_t) \sim t(X_t)$，采用 Metropolis-Hastings 抽样方法产生标准正态分布 $N(0,1)$ 随机变量, 并通过 QQ 图进行检验.

11. 基于自由度为 3 的卡方抽样分布 $h(X_{t+1}-X_t|X_t) \sim \chi^2(3)$，采用 Metropolis 抽样方法产生标准正态分布 $N(0,1)$ 随机变量, 并通过 QQ 图进行检验.

12. 基于自由度为 3 的 student-t 抽样分布 $h(X_{t+1}|X_t) \sim t(3)$，采用 Metropolis 抽样方法产生标准正态分布 $N(0,1)$ 随机变量, 并通过 QQ 图进行检验.

13. 基于自由度为 3 的卡方抽样分布 $h(\delta) \sim \chi^2(3)$，采用随机行走 Metropolis 方法产生标准正态分布 $N(0,1)$ 随机变量, 并通过 QQ 图进行检验.

14. 基于自由度为 3 的 student-t 抽样分布 $h(\delta) \sim t(3)$，采用随机行走 Metropolis 方法产生标准正态分布 $N(0,1)$ 随机变量, 并通过 QQ 图进行检验.

15. 基于自由度为 1 的卡方抽样分布 $h(X_{t+1}) \sim \chi^2(3)$，采用独立抽样方法产生标准正态分布 $N(0,1)$ 随机变量, 并通过 QQ 图进行检验.

16. 基于自由度为 3 的 student-t 抽样分布 $h(X_{t+1}) \sim t(3)$，采用独立抽样方法产生标准正态分布 $N(0,1)$ 随机变量, 并通过 QQ 图进行检验.

部分答案与解析

第 1 章

1.

```r
mean.fun <- function(x.vec){
  n = length(x.vec)
  result = sum(x.vec)/n
  return(result)
}

cov.fun <- function(x.vec, y.vec){
  n = length(x.vec)
  result = sum(((x.vec - mean.fun(x.vec))*(y.vec - mean.fun(y.vec)))
    ) / n
  return(result)
}

sd.fun <- function(x.vec){
  result = sqrt(cov(x.vec, x.vec))
  return(result)
}

cor.fun <- function(x.vec, y.vec){
  result = cov.fun(x.vec, y.vec) / (sd.fun(x.vec) * sd.fun(y.vec))
  return(result)
}

x.vec <- rnorm(1000, 10, 2)
y.vec <- rnorm(1000, 100, 15)
```

```
cor.fun(x.vec, y.vec)
```

2.

```
s = Sys.time()
result = vector("numeric")
result = append(result, 2)
for (x in 2:1000) {
  flag = TRUE
  for (y in 2:(x/2)) {
    if (x%%y==0) {
      flag = FALSE
    }
  }
  if (flag) {
    result = append(result, x)
  }
}
e = Sys.time()
print(e - s)

s = Sys.time()
result = vector("numeric")
result = append(result, 2)
for (x in 2:1000) {
  flag = TRUE
  for (y in result) {
    if (x%%y==0) {
      flag = FALSE
    }
  }
  if (flag) {
    result = append(result, x)
  }
}
e = Sys.time()
print(e - s)
```

4.

```
2 == 3 - 1
2 < 3
```

```
2 > 3
2 != 3
factorial(2) <= 3
factorial(3) >= 3

a <- c(1,2)
b <- rep(c(1,2,3),2)
a <= b

"a"<"b"
"a">"b"
"ab">"bb"
"A">"a"
"A">"z"
"A">"b"
"a">"1"

a <- c(T,F,T,F)
b <- c(T,T,T,F)
a|b
a&b
a||b
a&&b
any(c(a,b))
all(c(a,b))
```

5.

```
Fib.vec <- vector("numeric")
Fib.vec <- append(Fib.vec,c(1,1))
for(i in 3:100){
  Fib.vec <- append(Fib.vec,(Fib.vec[i-2]+Fib.vec[i-1]))
}
```

6.

```
Fibon.vec <- vector()
Fibon.vec <- append(Fibon.vec, c(1,1))
i <- 3
temp <- 0
while (temp<=900) {
  temp <- Fibon.vec[i-1] + Fibon.vec[i-2]
  Fibon.vec <- append(Fibon.vec, temp)
```

```
  i = i+1
}


Prime.vec <- vector()
Prime.vec <- append(Prime.vec, 2)
temp <- 3
while (temp<=1000) {
  if(all(temp %% Prime.vec!=0)){
    Prime.vec <- append(Prime.vec, temp)
  }
  temp = temp + 1
}

#cond.dataframe <- data.frame(Fibon.vec, Prime.vec) 长度不同无法用
    dataframe储存

cond.list <- list(Fibon.vec, Prime.vec)
names(cond.list) <- c("Fibonacci", "Prime")


result <- vector()
for (i in 10000000000) {
  x.vec <- sample(Prime.vec,2,replace = T)
  cond.num <- any(x.vec %in% Fibon.vec)
  if(!cond.num){
    result <- append(result, 1)
  }else{
    result <- append(result, 0)
  }
}


sum(result)/10000000000


result <- vector()
for (i in 10000000000) {
  x.vec <- sample(Fibon.vec,2,replace = F)
  cond.num <- all(x.vec %in% Prime.vec)
  if(cond.num){
    result <- append(result, 1)
```

```
  }else{
    result <- append(result, 0)
  }
}

sum(result)/10000000000
```

7.

```
data.matrix <- matrix(,10,3)

data.matrix[,1] <- PlantGrowth[PlantGrowth[,2]=="ctrl",1]
data.matrix[,2] <- PlantGrowth[PlantGrowth[,2]=="trt1",1]
data.matrix[,3] <- PlantGrowth[PlantGrowth[,2]=="trt2",1]

data.vec <- c(colMeans(data.matrix))
barplot(data.vec,names.arg = c("ctrl","trt1","trt2"))
```

8.

```
hist(PlantGrowth[PlantGrowth[,2]=="ctrl",1])
hist(PlantGrowth[PlantGrowth[,2]=="trt1",1])
hist(PlantGrowth[PlantGrowth[,2]=="trt2",1])
```

9.

```
y.vec <- cbind(data.matrix[,1],data.matrix[,2],data.matrix[,3])
x.vec <- c(rep(0,10),rep(1,10),rep(2,10))
plot(x.vec, y.vec)
```

第 2 章

5,6

```
result <- array(0,10000)
for (i in 1:10000) {
  p=0.3
  u <- runif(100)
  x <- as.numeric(u <= p)
  result[i] <- sum(x)
}
mean(result)
var(result)
```

```
hist(result,probability= T, breaks = c(seq(-0.5,100.5,1)))
y <- dbinom(c(0:100),100,0.3)
x <- c(0:100)
lines(x,y,col=2)


Fx <- pbinom(c(0:100),100,0.3)
p <- runif(10000)
result <- p
for (i in 101:1) {
  print(i)
  result[p<=Fx[i]] = i-1
}
hist(result,probability= T, breaks = c(seq(-0.5,100.5,1)))
y <- dbinom(c(0:100),100,0.3)
x <- c(0:100)
lines(x,y,col=2)
```

7.

```
p <- runif(10000)
result <- (9*p)^(1/3)
hist(result, probability = T, breaks = c(seq(-0.1,3.1,0.2)))
x <- seq(0,3,0.1)
y <- 1/3*x^2
lines(x,y, col=2)
mean(result)   #一阶矩
mean(result^2)   #二阶矩
mean(result^3)   #三阶矩
```

8.

```
Fx <- ppois(c(0:11),3)
p <- runif(10000)
result <- p
for (i in 12:1) {
  print(i)
  result[p<=Fx[i]] = i-1
}


result.order <- sort(result)
n <- length(result)
result.prob <- seq(1,n,1)/(n+1)
x <- qpois(result.prob,3)
```

```
plot(x,result.order)

result <- array(0,10000)
for (i in 1:10000) {
  p=0.03
  u <- runif(100)
  x <- as.numeric(u <= p)
  result[i] <- sum(x)
}
result.order <- sort(result)
n <- length(result)
result.prob <- seq(1,n,1)/(n+1)
x <- qpois(result.prob,3)
plot(x,result.order)
```

9.

```
x.1 <- rnorm(10000)
x.2 <- rchisq(10000,3)
t <- x.1/(sqrt(x.2/3))
t.order <- sort(t)
t.prob <- c(1:10000)/(10001)
x <- qt(t.prob,3)
plot(x, t.order)
```

10.

```
x.1 <- rt(10000,2)
x.2 <- rt(10000,3)
x <- x.1+x.2
z <- vector("numeric")
while (length(z)<10000) {
  u <- runif(1)
  x.1 <- rt(1,2)
  x.2 <- rt(1,3)
  if(u<=0.5){
    z <- append(z,x.1)
  }else{
    z <- append(z,x.2)
  }
}

y <- sort(z)
```

```
x.sort <- sort(x)
plot(x.sort,y)
```

11.

```
x <- runif(10000, -1,1)
y <- runif(10000,-1,1)
z <- runif(10000,-1,1)
inSphere <- (x^2+y^2+z^2)<=1
outSphere <- (x^2+y^2+z^2)>1
n <- sum(inSphere)
6*n/10000
```

第 3 章

1.

```
x <- rnorm(10000)
judge1 <- x>=0
judge2 <- x<=pi
judge <- judge1 * judge2
sum(judge)/10000
pnorm(pi)-pnorm(0)
```

2.

```
x <- rnorm(10000)
judge1 <- x>=1
judge2 <- x<=pi
judge <- as.logical(judge1 * judge2)
mean(log(x[judge]))
```

3.

```
x <- runif(10000,1,pi)
gx <- log(x)
(pi-1)*mean(gx)
```

4.

```
x1 <- rnorm(10000)
x2 <- rnorm(10000)
x <- 0.5*x1 + 0.5*x2
```

5.

```
theta.c.vec <- vector("numeric")
theta.vec <- vector("numeric")
c.vec <- vector("numeric")
for (i in 1:1000) {
  x <- runif(10000)
  fx <- x
  gx <- exp(x)
  c <- -cov(gx,fx)/var(fx)
  gamma <- mean(fx)
  theta.c <- gx + c*(fx-gamma)
  theta <- gx
  theta.c.vec <- append(theta.c.vec, mean(theta.c))
  theta.vec <- append(theta.vec,mean(theta))
  c.vec <- append(c.vec,c)
}
mean(c.vec)
var(theta.vec)
var(theta.c.vec)
mean(c.vec)
```

6.

```
#先作图观察需要重点取值的位置
x <- seq(0,2,0.01)
y <- sin(1/(-5*x^2+x+2))
plot(x,y)
#通过构造函数中心在1左右的单峰分布
theta.vec <- vector("numeric")
while (length(theta.vec)<1000) {
  x <- vector("numeric")
  while(length(x)<1000){
    x.temp <- runif(1,0,2)
    u <- runif(1)
    c <- 1
    fx <- -1 * x.temp^2 + 2*x.temp + 7/6
    gx <- 13/6
    if(u <= fx/(c*gx)){
      x <- append(x, x.temp)
    }
  }
```

```
  gx <- sin(1/(x^2-4*x+2))
  fx <- -0.3 * x^2 +0.3*x +0.6
  theta <- mean(gx / fx)
  theta.vec <- append(theta.vec, theta)
}
mean(theta.vec)
var(theta.vec)
```

7.

```
x.norm <- rnorm(1000) #产生1000个标准正态随机变量
x.resamp <- sample(x.norm,1000,replace = T) #对样本再抽样
plot(ecdf(x.norm))
lines(ecdf(x.resamp))
```

8.

```
x.norm <- rnorm(1000) #产生1000个标准正态随机变量
x.samp1 <- sample(x.norm,10,replace = T) #对样本再抽样
x.samp2 <- sample(x.norm,50,replace = T)
x.samp3 <- sample(x.norm,100,replace = T)
x.samp4 <- sample(x.norm,500,replace = T)
x.samp5 <- sample(x.norm,1000,replace = T)
x.samp6 <- sample(x.norm,5000,replace = T)
x.samp7 <- sample(x.norm,10000,replace = T)
x.samp8 <- sample(x.norm,100000,replace = T)

plot(ecdf(x.samp1))
plot(ecdf(x.samp2))
plot(ecdf(x.samp3))
plot(ecdf(x.samp4))
plot(ecdf(x.samp5))
plot(ecdf(x.samp6))
plot(ecdf(x.samp7))
plot(ecdf(x.samp8))
```

9.

```
x.norm <- rnorm(1000,0.654321,1) #产生1000个标准正态随机变量
x.samp1 <- sample(x.norm,10,replace = T) #对样本再抽样
x.samp2 <- sample(x.norm,50,replace = T)
x.samp3 <- sample(x.norm,100,replace = T)
x.samp4 <- sample(x.norm,500,replace = T)
x.samp5 <- sample(x.norm,1000,replace = T)
```

```
x.samp6 <- sample(x.norm,5000,replace = T)
x.samp7 <- sample(x.norm,10000,replace = T)
x.samp8 <- sample(x.norm,100000,replace = T)

mean(x.samp1)
mean(x.samp2)
mean(x.samp3)
mean(x.samp4)
mean(x.samp5)
mean(x.samp6)
mean(x.samp7)
mean(x.samp8)
mean(x.norm)
```

10.

```
x.norm <- rnorm(1000,0,5) #产生1000个标准正态随机变量
x.samp1 <- sample(x.norm,10,replace = T) #对样本再抽样
x.samp2 <- sample(x.norm,100,replace = T)
x.samp3 <- sample(x.norm,500,replace = T)
x.samp4 <- sample(x.norm,1000,replace = T)
x.samp5 <- sample(x.norm,10000,replace = T)

mean((x.samp1-mean(x.samp1))^2)
mean((x.samp2-mean(x.samp2))^2)
mean((x.samp3-mean(x.samp3))^2)
mean((x.samp4-mean(x.samp4))^2)
mean((x.samp5-mean(x.samp5))^2)
```

11.

```
x.norm <- rnorm(1000,0,5) #产生1000个标准正态随机变量

sd.norm <- sqrt(mean((x.norm-mean(x.norm))^2))

sd.samp1 <- vector("numeric")
for (i in 1:100) {
  x.samp1 <- sample(x.norm,10,replace = T)
  sd.samp1 <- append(sd.samp1,mean((x.samp1-mean(x.samp1))^2))
}
bias.est1 <- sqrt(mean(sd.samp1))-sd.norm
bias.est1
```

```
sd.samp2 <- vector("numeric")
for (i in 1:100) {
  x.samp2 <- sample(x.norm,100,replace = T)
  sd.samp2 <- mean((x.samp2-mean(x.samp2))^2)
}
bias.est2 <- sqrt(mean(sd.samp2))-sd.norm
bias.est2

sd.samp3 <- vector("numeric")
for (i in 1:100) {
  x.samp3 <- sample(x.norm,500,replace = T)
  sd.samp3 <- mean((x.samp3-mean(x.samp3))^2)
}
bias.est3 <- sqrt(mean(sd.samp3))-sd.norm
bias.est3

sd.samp4 <- vector("numeric")
for (i in 1:100) {
  x.samp4 <- sample(x.norm,1000,replace = T)
  sd.samp4 <- mean((x.samp4-mean(x.samp4))^2)
}
bias.est4 <- sqrt(mean(sd.samp4))-sd.norm
bias.est4

sd.samp5 <- vector("numeric")
for (i in 1:100) {
  x.samp5 <- sample(x.norm,10000,replace = T)
  sd.samp5 <- mean((x.samp5-mean(x.samp5))^2)
}
bias.est5 <- sqrt(mean(sd.samp5))-sd.norm
bias.est5
```

12.

```
x.norm <- rnorm(1000,0,5) #产生1000个标准正态随机变量

sigma.boot <- vector("numeric")
for (i in 1:100) {
  x.boot <- sample(x.norm,100,replace = T)
  sigma.boot <- append(sigma.boot, sd(x.boot))
}
sd.jack <- vector("numeric")
```

```
for (j in 1:100) {
  sigma.jack <- sigma.boot[-j]
  sd.jack <- append(sd.jack,sd(sigma.jack))
}
mean(sd.jack)


sigma.jack <- vector("numeric")
for (i in 1:1000) {
  x.jack <- x.norm[-i]
  sigma.jack <- append(sigma.jack, sd(x.jack))
}
sd.boot <- vector("numeric")
for (j in 1:100) {
  sigma.boot <- sample(sigma.jack,100,replace = T)
  sd.boot <- append(sd.boot, sd(sigma.boot))
}
mean(sd.boot)
```

13.

```
x.sample <- rnorm(1000,0,5)
sigma.boot <- vector("numeric")
for (i in 1:100) {
  x.boot <- sample(x.sample, 100, replace = T)
  sigma.boot <- append(sigma.boot,sd(x.boot))
}
mean(sigma.boot)-sd(sigma.boot)*qnorm(0.95)
mean(sigma.boot)+sd(sigma.boot)*qnorm(0.95)
```

14.

```
x.sample <- rchisq(1000,5)
sigma.boot <- vector("numeric")
for (i in 1:100) {
  x.boot <- sample(x.sample, 100, replace = T)
  sigma.boot <- append(sigma.boot,sd(x.boot))
}


sigma.temp <- vector("numeric")
sd.temp <- vector("numeric")
for (k in 1:20) { #再利用bootstrap进行抽样计算theta_k的期望及标准差
  x_temp <- sample(x, 20, replace = T)
  sigma.temp <- append(sigma.temp,median(x_temp))
```

```
sigma.temp4sd <- vector("numeric")
for (j in 1:10) {
  sigma.temp4sd <- append(sigma.temp4sd,median(sample(x_temp, 10,
    replace = T)))
}
sd.temp <- append(sd.temp, sd(sigma.temp4sd))
}
t.ecdf <- (sigma.temp-mean(sigma.boot))/(sd.temp)
t.ecdf <- sort(t.ecdf)    #利用sort函数将数据进行升序排列
mean(sigma.boot) - quantile(t.ecdf,0.975)*sd(sigma.boot)
mean(sigma.boot) - quantile(t.ecdf,0.025)*sd(sigma.boot)
```

15.

```
sample.space <- seq(0,pi/2,0.001)
sample.prob <- sin(sample.space)
x.sample <- sample(sample.space,1000,replace = T,sample.prob)
sigma.boot <- vector("numeric")
for (i in 1:100) {
  x.boot <- sample(x.sample, 100, replace = T)
  sigma.boot <- append(sigma.boot,sd(x.boot))
}
2*mean(sigma.boot)-quantile(sigma.boot,0.975)
2*mean(sigma.boot)-quantile(sigma.boot,0.025)
```

16.

```
sample.space <- seq(1,exp(1),0.001)
sample.prob <- 1/(sample.space)
x.sample <- sample(sample.space,1000,replace = T,sample.prob)
sigma.boot <- vector("numeric")
for (i in 1:100) {
  x.boot <- sample(x.sample, 100, replace = T)
  sigma.boot <- append(sigma.boot,sd(x.boot))
}
quantile(sigma.boot,0.025)
quantile(sigma.boot,0.975)
```

第 4 章

1. 由于已知 $\{N_n; n \in \mathcal{N}\}$ 是伯努利随机过程 $\{X_i; i \in \mathcal{N}\}$ 的前 n 项加和 $N_n =$

$X_0 + \cdots + X_n$, 其中每次试验相互独立且成功概率为 p. 可得

$$E(N_{10}|N_4 = k) = E[N_4 + (N_{10} - N_4)|N_4]$$

$$= E(N_4|N_4) + E(N_{10} - N_4|N_4).$$

由 $\{N_n; n \in \mathcal{N}\}$ 的性质可得 $E(N_4|N_4 = k) = k, E(N_{10} - N_4|N_4 = k) = E(N_{10} - N_4) = 6p.$ 最终可得

$$E(N_{10}|N_4 = k)= E[N_4 + (N_{10} - N_4)|N_4]$$

$$= E(N_4|N_4) + E(N_{10} - N_4|N_4)$$

$$= k + 6p.$$

2. 由条件期望的性质可知

$$E(N_{10} \times N_4) = E[E(N_{10} \times N_4|N_4)].$$

由于已知 $\{N_n; n \in \mathcal{N}\}$ 是伯努利随机过程 $\{X_i; i \in \mathcal{N}\}$ 的前 n 项加和 $N_n = X_0 + \cdots + X_n$, 其中每次试验相互独立且成功概率为 p. 可得

$$E(N_{10} \times N_4|N_4) = E[(N_{10} - N_4) \times N_4|N_4],$$

且 $N_{10} - N_4$ 与 N_4 之间相互独立, 则有

$$E(N_{10} \times N_4|N_4)= E[(N_{10} - N_4) \times N_4|N_4]$$

$$= E(N_4|N_4) \times E(N_{10} - N_4|N_4)$$

$$= N_4 \times E(N_{10} - N_4)$$

$$= N_4 \times (N_4 + 6p).$$

最终得到

$$E[E(N_{10} \times N_4|N_4)] = E[N_4 \times (N_4 + 6p)]= E(N_4^2) + 6pE(N_4)$$

$$= 16p^2 + 4pq + 6p \times 4p$$

$$= 40p^2 + 4pq.$$

3. 已知 $\{N_n; n \in \mathcal{N}\}$ 是伯努利随机过程 $\{X_i; i \in \mathcal{N}\}$ 的前 n 项加和 $N_n = X_0 + X_1 + \cdots + X_n$, 其中每次试验相互独立且成功概率为 p. 由于伯努利随机过程的无记忆性, 有

$$E(N_{10} \times N_4|N_2, N_3) = E(N_{10} \times N_4|N_3).$$

再根据条件期望的性质得

$$E(N_{10} \times N_4 | N_3) = E[E(N_{10} \times N_4 | N_0, N_1, \cdots, N_4) | N_3]$$

$$= E[E(N_{10} \times N_4 | N_4) | N_3].$$

通过上题可得

$$E(N_{10} \times N_4 | N_4) = N_4 (N_4 + 6p).$$

进而求

$$E\left(N_4 (N_4 + 6p) \mid N_3\right) = E\left\{\left[N_3 + (N_4 - N_3)\right]^2 + 6p\left[N_3 + (N_4 - N_3)\right] \mid N_3\right\}$$

$$= N_3^2 + 2N_3 E\left(N_4 - N_3 \mid N_3\right) + E\left[\left(N_4 - N_3\right)^2 \mid N_3\right]$$

$$+ 6pN_3 + 6pE\left(N_4 - N_3 \mid N_3\right)$$

$$= N_3^2 + 2pN_3 + p^2 + pq + 6p\left(N_3 + p\right)$$

$$= N_3^2 + 8pN_3 + 7p^2 + pq,$$

最终可得 $E(N_{10} \times N_4 | N_2, N_3) = E(N_{10} \times N_4 | N_3 = k) = k^2 + 8pk + 7p^2 + pq.$

```
library (expm)
library (MASS)
```

4.

```
P <- matrix(c(0,0.5,0.5,0.5,0,0.5,0.5,0.5,0),c(3,3),byrow = T)
P %^% 3
```

5.

```
P.2 <- P %^% 2
lamb <- eigen(P.2)$values
lvec <- ginv(eigen(P.2)$vector)
rvec <- eigen(P.2)$vector
rvec%*%diag(lamb^2)%*%lvec
P %^% 4
```

6.

```
rvec%*%diag(lamb^5)%*%lvec
```

7.

```
rvec%*%diag(lamb^5)%*%lvec[1,]
```

8.

```
I <- diag(1,3)
A <- t(I-P)
A_constr <- rbind(A,rep(1,3))
B <- matrix(0,3,1)
B_constr <- c(B,1)
pi.station <- solve(t(A_constr)%*%A_constr,t(A_constr)%*%b_constr)
pi.station
```

全书程序代码